精确制导弹药低成本化研究

王磊　李淼　范云　张元忠　徐超 ◎ 编著

LOWER-COSTS RESEARCH ON PRECISION GUIDED AMMUNITION

北京理工大学出版社
BEIJING INSTITUTE OF TECHNOLOGY PRESS

内 容 简 介

武器装备的低成本化已成为各国普遍关注的问题。本书面向精确制导弹药设计中的低成本化问题，主要介绍了精确制导弹药全寿命周期成本分析与控制、低成本化总体思路和技术途径、低成本化管理、低成本化供应链管理、低成本化设计与验证方法和策略，同时，以某型战术导弹为例，给出了这些低成本化方法在战术导弹武器研制中的具体实践过程和效果，让读者能快速理解这些方法的原理，并明确其在战术武器研发的低成本化过程中的应用与实现。

本书可供从事精确制导弹药装备设计、研发、生产和管理等方面研究的工程技术和科研人员参考使用，也可作为高等院校飞行器设计、制导控制、系统工程等相关专业的研究生教学参考书。

图书在版编目(CIP)数据

精确制导弹药低成本化研究 / 王磊等编著. -- 北京：北京理工大学出版社，2023.11

ISBN 978-7-5763-3337-4

Ⅰ. ①精… Ⅱ. ①王… Ⅲ. ①弹药-制导系统-研究 Ⅳ. ①E927.5

中国国家版本馆 CIP 数据核字(2024)第 034424 号

责任编辑：王玲玲　　**文案编辑**：王玲玲
责任校对：刘亚男　　**责任印制**：李志强

出版发行 / 北京理工大学出版社有限责任公司
社　址 / 北京市丰台区四合庄路 6 号
邮　编 / 100070
电　话 / (010) 68944439 (学术售后服务热线)
网　址 / http://www.bitpress.com.cn

版 印 次 / 2023 年 11 月第 1 版第 1 次印刷
印　刷 / 廊坊市印艺阁数字科技有限公司
开　本 / 710 mm × 1000 mm　1/16
印　张 / 13
字　数 / 197 千字
定　价 / 86.00 元

前　言

在装备领域，由于我国长期“跟跑”于美、俄等世界军事大国，装备发展始终处于“填空”状态，对武器装备低成本技术和措施研究不系统、不深入，造成装备建设效益整体不高。但是，随着我国装备建设逐渐由“跟跑”转变成“并跑”，甚至“领跑”状态，装备建设效益不高问题越来越成为制约我国装备高质量发展的阻碍，尤其在装备低成本化研究方面，急需开展深入的系统性研究，指导我国装备高质量发展。武器装备的低成本化可有效提升军费经济和军事效益，近年来围绕论证、设计、研发、生产、验证、管理、采购等产生了丰硕的研究成果。面向精确制导弹药低成本化设计研制，深入研究低成本化技术与管理方法，并总结编制为一本教材具有重要意义。本书致力于向读者呈现这些方法及其在精确制导弹药低成本化中的应用。

本书主要面向精确制导弹药的设计研发、生产、管理与采购，全面介绍了精确制导弹药全寿命周期低成本化方法和途径。各章节内容上承上启下、结构上逻辑清晰，系统化介绍了低成本化的研究现状、总体思路和具体方法途径，深入分析了精确制导弹药寿命周期成本控制和供应链管理存在的问题，提出了基于大数据、贝叶斯等新理论的低成本检验验收方法。同时，结合源于工程的低成本化案例，对实施低成本诸多方法及其实施流程进行了详细的阐述，使读者可以快速、系统性地了解精确制导弹药低成本化设计、生产、管理、验证等相关方法。本书介绍低成本化研究方法及一些结论，对于优化其他武器装备的全寿命管理也会有所启迪。

本书主要分 6 章：第 1 章阐述了国内外精确制导弹药武器低成本化研究现

状，给出了武器装备低成本化的启示与发展趋势。第 2 章介绍了精确制导弹药全寿命周期成本分析相关内容，并对全寿命周期低成本控制存在的问题进行了阐述，进而引出后续给出的低成本化系列举措。第 3 章阐述精确制导弹药低成本化技术与方法，从集成化、新材料、新工艺、新测试等多角度给出了低成本化的技术途径。第 4 章介绍了战术导弹低成本化管理方法，主要从低成本装备采购策略、研制生产管理措施和检验验收方法等方面明确低成本管理方法。第 5 章介绍精确制导弹药低成本化供应链管理。第 6 章介绍精确制导弹药低成本化设计与试验验证方法及工程实践，以某型战术导弹低成本化为例，展示了诸多低成本化技术途径与方法的应用及效果。

本书编写过程中，得到了兵器工业第 203 所徐宏伟、骆盛、张文渊等同志，以及北京理工大学王江、熊芬芬等教授的支持和帮助，引用了许多学者和专家的研究成果和材料，在此一并致谢。

由于编著者在时间和经验上的欠缺，书中不足之处难免，敬请广大读者批评指正。

编著者

目　录

第1章 国内外精确制导弹药低成本化现状

1.1 概述

高技术武器成本高、研制周期长的问题一直困扰着各国军方，也为各国财政带来了沉重的负担。近几场局部战争表明，精确制导弹药是现代高技术局部战争中消耗最多的高技术武器，导弹攻防对抗将成为未来高技术战争的主要作战样式，因此，精确制导弹药的低成本化具有特别重要的意义。本章对国内外精确制导弹药低成本化的研究现状进行全面梳理，了解国内外低成本化进程和水平，总结国内存在的问题，进而为我国战术武器装备的低成本化研究提供方向。

1.2 军品属性及特点

军品（military products）是军用产品的简称，与“民品”相对，是指用于军事活动或由军队使用的物质产品。军品有广义和狭义之分，狭义是指武器装备和其他军事专用品，有时也指用于实施和保障作战行动的常规大型武器装备；广义上指军队使用的一切物资，既包括武器装备等军事专用品，也包括食品、药品、油料等军民通用产品。

长期以来，由于我国实行的是计划经济体制，军品与其他民品属性一样，其研制、生产和消耗均由国家计划决定，军品的研制经费、采购数量、购置价格、产品利润等均由国家计划制定，特别是在军品定价模式方面，一直采用“定价成本＋定价成本×5%（利润）”的定价模式，此种定价模式在计划经济下便于管理，曾经对军品发展产生过积极的作用，但此种模式属于一种僵硬的军品成本比价关系，抑制了军品的商品属性。目前，随着社会主义市场经济体制的建立和发展，尤其是军工企业（国营大型军工企业）现代化机制的改革，军品的商品属性日益显见，其僵硬的固有的成本价格模式已经越来越不适应现有国情和军品的发展，制约了我军武器装备事业的快速发展。尤其在国家积极推进军民融合发展战略的大背景下，军品的本质属性、现有的国情军情，以及军品生产交换和获取等，呼吁着公正客观的军品成本比价关系的诞生。

军品是商品，是一种特殊的商品，即非完全市场化的商品，这里包涵两个方面的含义：一是军品的内涵具有商品的属性，即劳动创造价值、等价交换、价值规律等一系列商品经济的规则，对军品都起着重要作用；二是军品又具有不同于一般劳动产品的特殊性。对于军品的属性，国内很多专家和学者均进行了比较深入的研究，比如：西北工业大学毛景立教授在对军品、军品订购、军品是商品等概念界定的基础上，从使用价值、价值、交换市场、生产积累、生产实现等五个方面，就军品的商品属性的特殊性进行了剖析和研究。

随着我国社会主义市场经济的快速发展，以及国际军贸市场的深度参与，我国军品的属性正由计划经济体制下的非商品属性逐步向社会主义市场经济体制下的特殊商品属性转换，其主要特点是：

（1）本质政治性

通常，军品是军队遂行军事任务，进行战争的主要工具，而战争的本质是政治，因此，军品在一定意义上具有政治的烙印，其本质具有政治性，这是军品与民品的最本质区别。拥有军品就拥有发动战争的必要条件，就会对国家和社会安全与稳定造成重大的影响，因此，从世界范围看，不论是在资本主义国家还是在社会主义国家，军品均属于国家严格管控的特殊商品，军品的研制、生产和订购均由专门的法律、法规约束，由专门的组织机构实施。另外，从国际贸易来看，军品在国际的交换也均由国家专门的法律和特殊的程序审批，并且政治因素拥有绝对否定权。同样，国家对军品的需求、偿付和投资，则是随政治经济形势、军事战略和技术等方面的变化而变化，并直接受战争规律的支配。

（2）用户唯一性

民品一般当作生产资料或消费资料使用，一般供生产者或消费者购买，民品的用户量大、范围广。军品不同于民品，军品的用户具有唯一性，即军队（或警察等维护国家利益的暴力集团），军队是军品唯一合法的购买者和消费者，军品由军方行使买方的垄断权。不同于民品，军品用户的唯一性对军品的发展产生了较多影响。

一是军品生产规模和结构直接取决于国家综合实力，并且军队平时和战时需求的巨大差异也会导致军品生产中的平战矛盾。

二是军品直接由国家订货和购买，按指令性计划进行交付和结算，中间环节少，流通渠道简单。

三是军品用户的唯一性决定了军品需求的明确性。国家军品发展是由该国的军事战略方针、国家综合实力、现实威胁等因素综合决定的，军品需求通常具有前瞻性、递推性、确定性和可行性。

（3）管理特殊性

军品的政治属性和用户属性决定了军品的全寿命周期管理的特殊性。在世界各国，军品的全寿命周期管理均由国家和军队的不同组织机构实施严格管理，确保军品在国家的可控范围内，达到促进军品的良性快速发展及避免对国家安全和稳定造成威胁等目的。不论是在资本主义市场经济体制下还是在社会主义市场经济体制下，国家或军队对军品的管理均具有计划经济管理体制特色，均没有完全放开，由市场自主决定。比如，在美国，各种新武器的生产、国防预算方案、军品的订购数量和种类等，均由国防工业部门和五角大楼通过与企业订购的合同方式确认。同样，在我国，军品的研制、生产、试验和订购也均由地方国防工业部门和军工企业，以及军队装备部门共同完成。由此可见，军品的管理与民品完全不同，军品管理具有特殊性。

（4）价值多样性

军品与民品不同，军品既不是生产资料，也不是消费资料；既不能参与生产消费，也不能参与个人消费。军品是一种公共商品，属于社会消费品，其价值主要体现于：

一是先进性。军品的重要价值之一在于其先进性，主要体现在与世界其他国家同类装备相比方面。先进的武器装备是打赢战争，完成作战任务的重要条件之一。一般而言，军品先进性越高，其性能越先进，价值越高。

二是稳定性。价格是价值的反映，不论军品还是民品，其价格都应体现精神成本（无形价值）+物质成本（有形价值）+利润。目前，民品已经做到了这一点；但是军品价格仍是物质成本+利润。其精神成本是在军品前期的研制费中体现出来的。军品交换市场存在买卖双方的确定性，用户的唯一性决定了不可能一味地无限制地扩大批量生产，也决定了不可能轻易地更换代理方。

三是风险性。长期以来，在军品的研制开发领域，军品与民品的最大不同之处在于竞争的不充分性。在市场经济下，民品由开发者自行投资、自行研发和自行销售，商品价格体现风险补偿。但军品的研制开发则不同于民品，竞争是在有限范围内组织实施的，并且大部分包括竞争补偿金。通常而言，军品研制一般由国家负担，即由国防费负担，并且研制费和购置费是完全分开的，军品价格属于购置费的范畴，现行军品成本价格模式是不含风险补偿价值的。

(5) 成本复杂性

相比于民品而言，其成本直接与产品竞争力关联，性价比是决定民品竞争力的直接因素，因此，各厂家均重视产品无形价值、有形价值和利润的相互关系，最大限度提升产品竞争力。限于军品市场竞争的不充分性，造成了成本构成的复杂性，军品的需求由国家专门组织机构明确，其与委托军品研制和生产方的信息不对性等极易造成军品成本的不一致性。尤其在市场经济条件下，在引入竞争择优机制条件下，各代理方经济和技术实力等实际成本差异性也会造成成本核算的复杂性。

(6) 价格矛盾性

军品属性是特性的商品，该属性决定了军品价格的矛盾性必然存在。市场经济条件下，代理方追求利润的最大化与军品非充分性竞争机制必然是军品价格的主要矛盾，尤其对于一些技术性能先进的产品，代理方必然缺少降低成本的外部压力和驱动力，由此造成产品价值与实际成本的矛盾，其成本和价格居高不下，而委托方选择余地很小，只能被动接受，在此情况下，即便军品价格由委托方进行审核，也很难理清成本构成，达到降低成本的目标。

1.3　精确制导弹药的概念及特点

精确制导弹药主要用于打击敌方战役战术纵深内的核袭击兵器、集结的部队、坦克、飞机、船舶、雷达、指挥所、机场、港口、铁路枢纽和桥梁等目标，其本质属于军品。20 世纪 50 年代以后，曾在多次局部战争中被大量使用，成为现代战争的重要武器之一。在军品领域，相比其他装备，精确制导弹药具有技术含量高、附加值大、采购和消耗量较大、环境适应能力强等特点，相比于其他通用弹药而言，精确制导弹药的订购价格高，限于成本压力，对一般国家而言，大规模使用具有一定经济压力。

1.3.1　主要特点

精确制导弹药在现代战争中扮演着重要的角色，主要包括防空导弹、攻坚破甲导弹、空地导弹和反舰导弹等。纵观海湾战争以来的历次现代高技术局部战争，精确制导弹药是实施有效打击的重要武器之一，是战场的“清道夫”，是对地面、空中和水面等各种目标实施“点穴式攻击”的撒手锏武器，是战场“外科手术”式精确打击的有效武器。其所打击的目标对象包括军事设施和建筑、各种工事、战术导弹阵地、桥梁、交通枢纽、港口、兵力集结地、指挥所、工业基地、电站、车辆、机场、防空探测与制导雷达，以及地下的指挥、控制、通信设施等目标，并在反恐中也发挥着不可替代的作用。精确制导弹药的研制和运用能力已经成为衡量一个国家军事实力的重要标志之一，对增强一个国家的国防实力，特别是提高陆、空、海军的精确打击能力有着深远的战略意义。战术导弹在世界制导弹药领域具有重要的地位，以空地导弹为例，其约占世界航空弹药市场 40% 的价值份额，位居第一，显示了空地导弹发展的巨大空间和强劲需求。根据美国防务市场服务公司的统计，2011—2020 年全球战术空地导弹规模达到 114.7 亿美元，数量达到 26 902 枚，年均增长率达 4% 左右。相比于其他武器装备而言，精确制导弹药具有以下主要特点：

(1) 技术复杂，性能先进

精确制导弹药主要用于打击地面、空中和水面等小型不动和运动目标，作战环境相对复杂，命中率要求高，毁伤威力相对较大。鉴于此，战术导弹涉及的技术领域较广，主要包括光学、电子、机械、软件、材料、火炸药等，涉及专业领域多、技术难度大、科研和生产等人员素质要求高，由此决定了在当今世界范围内，真正能够完全具备自主研发精确制导弹药能力的国家数量屈指可数。比如：对于第三代反坦克导弹，其典型能力包括“打了不管”“毁伤主战坦克”和“全天时作战”等，采用了红外探测器、先进炸药、被动寻的制导、双脉冲发动机、复合舵机等新材料和新技术。以美国“标枪”反坦克导弹为例，如图 1 – 1 所示。

图 1 – 1　美国“标枪”反坦克导弹

20 世纪 80 年代中期，雷神公司与洛克希德 · 马丁公司开始联合研制“标枪”导弹，并于 1996 年 6 月装备于美国陆军，1999 年装备于美国海军陆战队。“标枪”导弹实现了发射前锁定，发射后不管；其射程为 2 500 m，筒装导弹长度为 1. 2 m，弹径 127 mm，采用串联战斗部，静破甲深度为 750 mm，能够有效打击各种坦克装甲车辆和工事建筑；“标枪”反坦克导弹采用制冷型红外成像制导方式，导弹飞行初始段采用推力矢量控制方式，具有四微发射能力，能够用于山地作战和城市巷战；“标枪”导弹质量小，操作简单，具备单兵或兵组便携使用能力。美国“标枪”导弹采用的关键技术主要包含如下。

一是小型化导弹系统总体设计技术。“标枪”导弹的主要特点是单兵便携使用，用于攻击主战坦克等装甲车辆，要求质量小、威力大，因此，对导弹系统的重量、外形、尺寸等具有较高要求，导弹结构布局难度较大，必须对全系统进行综合优化设计，小型化导弹系统总体设计技术要求高。

二是复杂背景下目标红外图像自动跟踪技术。复杂背景下目标红外图像自动跟踪技术是“标枪”导弹实现发射后不管的关键技术，包括高速图像处理硬件技术、跟踪处理算法优化技术等，以及复杂背景条件下的运动目标稳定跟踪技术、目标图像快速膨胀过程中稳定跟踪和跟踪点漂移等技术。

三是四微发射技术。“标枪”反坦克导弹由单兵肩扛发射，为提高导弹发射适应性、人员和装备安全性，主要通过降低导弹发射初速，减少导弹发射时的声、光、火焰和烟雾，但在导弹初速低的情况下，空气舵难以满足控制需求，因此需利用燃气舵和推力矢量等技术解决低速弹体控制问题，满足导弹初始段的控制要求，同时，还需要选择微烟微焰的推进剂，达到降低发射时的火焰和烟雾的目的。

四是大落角弹道控制技术。“标枪”反坦克导弹受弹径和弹重限制，战斗部的威力有限，为有效毁伤主战坦克，需要采用大落角控制技术，使导弹实现曲射弹道，以大落角俯冲攻击主战坦克首上装甲和坦克顶部，完成有效毁伤。

由此可见，精确制导弹药技术涉及光学、机械、电子、计算机、控制、制导、火工品和火炸药等，非常复杂，并且需要国家综合实力支撑。截至目前，世界能够完全自主开发第三代反坦克导弹的国家仅有美国、以色列、中国等少数几个国家。相比于其他武器装备而言，战术导弹对论证、研制和生产人员素质要求高，战术导弹技术先进性决定了其技术和人员附加值较大。

（2）产品组成多，配套关系复杂

通常，精确制导弹药包括导引头、发动机、舵机、弹载计算机、战斗部、引信等。其中，导引头由头罩、镜头组件、电机和伺服装置、图像处理装置、目标跟踪装置等组成；发动机由起飞发动机、助推发动机等组成。另外，为保证战术导弹长达 10 ~ 15 年的贮存期，还需给战术研制专用的包装设备和库房，其中，包装设备需密封、防尘、防潮，库房需恒温、恒湿等条件，如图 1 – 2 所示。鉴于战术导弹组成复杂，其生产也呈现“配套层级多、生产链路长、精度要求高、成本控制难”的特点。以某型战术导弹为例，其配套关系呈现以下特点：一是产品组成复杂、技术含量高；加工生产难度大、产品失效可能性高；战术导弹设计光学、机械、电子、半导体、火炸药、计算机硬件和软件等各个专业领域，产品组成复杂、加工精度高、专业领域广、生产周期长。二是配套单位众多、采购来源单一。以某型战术导弹为例，该型导弹一级配套单位十几个，二级配套单位三十多个，涉及国内众多军工集团、国营和民营企业。配套单位多且单位性质不同将产生标准不一致、管理规定不一致等诸多问题。任何一个配套单位的产品出现问题，都会影响全弹进度和质量，而且不能变更采购来源，无法规避风险。三是核心部件批产能力要求高。精确制导弹药先进性高，为提升关键性能而使用的核心部件是必然要求。战术导弹批量大，决定了核心部件批产能力必须满足大批量要求。比如：弹上高性能计算芯片、红外探测器、惯导等核心部件的国内批产问题必须解决。

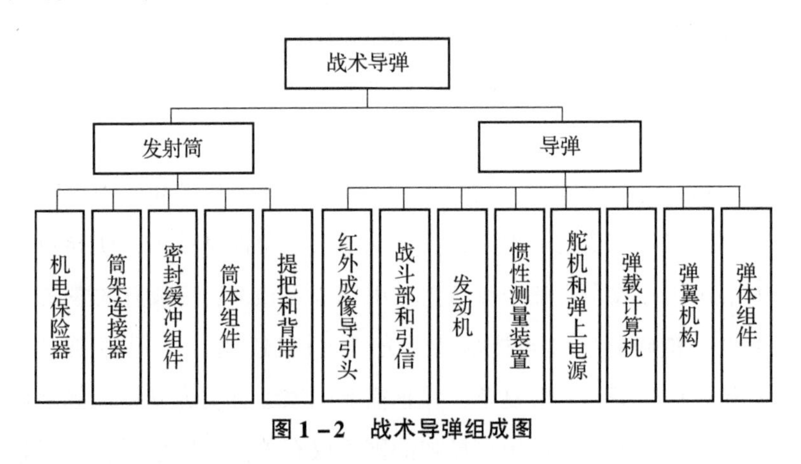

图 1-2 战术导弹组成图

（3）种类多，订购量相对较大，安全性高

精确制导弹药分类较多，包括防空导弹、反坦克导弹、多用途导弹等，并且一般由单兵便携、车载、机载和船载等。相比于其他战略战役导弹而言，战术导弹的编配级别较低，供作战分队级及以下使用，以及战车、直升机、无人机等发射平台使用，作战单元级别低、数量大，由此决定了具有订购量较大、使用人员多、安全性要求高等显著特点。比如，美国“标枪”反坦克导弹，在其设计定型后的这些年里，共生产了十几万枚导弹，供美军及其盟友使用。另外，战术导弹在世界军贸领域也占有重要份额。比如，防空导弹、空地导弹和反坦克导弹占到了制导弹药军贸份额的 70% 以上。精确制导弹药除导引头、舵机等众多机电部件外，还包括了战斗部、引信、发动机等诸多含炸药、火药等火工产品的部件，并且战术导弹使用过程中不可避免地需要经过贮存、运输、装卸、发射等使用环节，战术导弹全寿命周期内存在诸多安全隐患。鉴于精确制导弹药使用的广泛性、使用人员的多样性等，战术导弹的安全性和可靠性要求高。

（4）平台拓展性好

在精确制导弹药的研发上，尤其重视现有产品在不同平台的拓展。这些平台间的拓展包括空空导弹向地面发射平台拓展、单兵反坦克导弹向车辆平台拓展、直升机载导弹向舰艇平台拓展、地面发射型导弹向舰艇平台拓展、舰载导弹向地面平台拓展、高速有人战机平台向无人机平台拓展等。还是以美国“标枪”导弹为例，20 世纪 90 年代研制出便携型产品后，在导弹技术状态维持不变的情况下，先后移植到多种装甲平台、轻型越野平台、兼容 TOW 和 Avenger 发射平台、小型舰艇平台、无人车辆平台、无人直升机平台、无人值守武器平台、集装箱式武器平台。各平台如图 1－3 所示。

（a）　（b）　（c）　（d）　（e）　（f）

图 1－3　“标枪”导弹多平台发射

（a）便携型；（b）遥控武器站平台（多型底盘）；（c）单侧炮台（可行进间发射）；（d）悍马平台（遥控）；（e）兼容 TOW 发射平台；（f）兼容 Avenger 发射平台

（g） （h） （i） （j） （k） （l）

图1-3 “标枪”导弹多平台发射（续）

（g）小型舰艇平台；（h）橡皮艇平台；（i）无人车辆平台；

（j）无人直升机平台；（k）无人值守武器平台；（l）集装箱式武器平台

（5）环境适应要求高，使用广泛

随着战争形态的发展，作战空间急剧拓展，已由平面拓展至立体，且气候多样、环境复杂，对武器装备环境适应能力要求极高。精确制导弹药编配使用的军种多、级别范围大，要求其必须满足不同军种、不同兵种、不同部（分）队在不同地域、不同环境、不同气候等条件下使用，由此决定了精确制导弹药必须适应不同的作战环境，其环境适应能力很高。当前，在海拔高度方面，使用空间已由地面拓展至海拔 5 000 m 的高原，甚至海拔万米高空，主要适配于人员、车辆和飞机使用；在水中方面，需要适应于水中携行和发射；在时间方面，需要适应全天时作战，不论是在白昼还是在夜间，必须能够正常使用，全面发挥作战效能；在气候方面，不仅需要在极冷条件下使用，还需要在极热条件下使用；不仅需要在酷热潮湿的雨林中使用，还需要在干燥高温的沙漠中使用；不仅需要在沙尘砂石环境中使用，还需要在树林灌木环境中使用等。精确制导弹药使用范围的广泛性决定了在研制和生产环节中必须充分论证、精心设计和严密加工，战术导弹使命任务、技术方案、战及指标和器件材料等，均需经过多轮严格审查和筛选，确保性能的全面性，满足极高环境适应能力要求。

（6）产品成本构成复杂，购置价格高

一般而言，按照现有成本装备价格管理政策，武器装备目标价格可分解为目标成本和目标利润；目标成本可分解为制造成本和期间费用；制造成本可分解为直接材料、直接人工、软件费用、燃料动力、专用费用（含专用工装费用、售后服务费用等）、废品损失、制造费用等；期间费用可分解为管理费用、财务费用等，如图 1－4 所示。

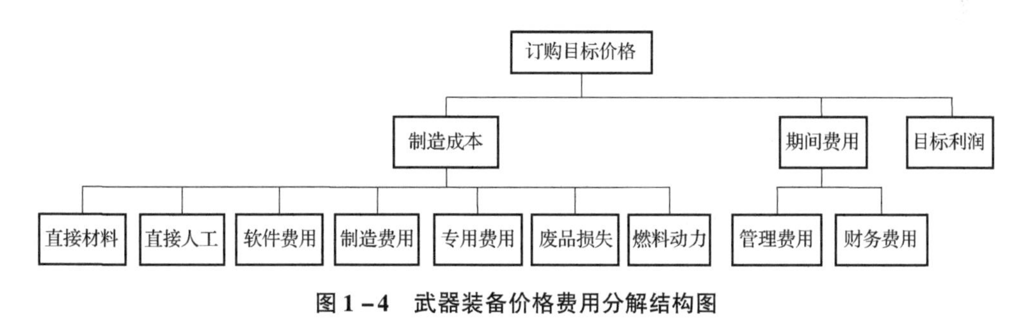

图 1－4　武器装备价格费用分解结构图

相比于传统弹药，精确制导弹药射程更远、精度更准、威力更大，作战效能更高，由此导致其成本急剧升高，比如一发普通制式无控炮弹采购价格为几千元/发至一万元/发，而一枚制导弹药价格为几万元/发、十几万元/发甚至几十万元/发。精确制导弹药涉及光学、机械、电子和软件等专业，零部件种类多、数量多、配套单位多，高精尖零部件多，各零部件检验、验收程序多，工艺相对复杂，加工精度高，导致人力和材料等消耗大，相比于无控弹药，精确制导弹药采购价格更高。

1.3.2 低成本化技术特点

围绕未来信息化、高强度、高烈度作战环境，精确制导弹药主要发展方向是在适应一体化联合作战能力前提下，为满足大量目标的精确打击任务，在成本控制方面必须取得实质性效益，具体而言，应关注以下几点：

（1）采用系列化设计，继承性强

系列化发展是指根据同一类精确制导弹药的发展规律和使用需求，将其性能参数按一定数列规律进行合理安排和规划，并且对其形式和结构进行规定或统一，从而有目的地指导战术导弹的发展。

精确制导弹药系列化发展是对现有战术导弹的品种、规格进行压缩简化，同时，也是在现有基本型的基础上，通过改进某些部件的性能，或者通过换装其他类型的部件（如导引头、战斗部等），使改进的精确制导弹药具备更多的能力，从而开发出新的型号，构成品种齐全、数量适宜、结构和功能优化的产品体系，以满足使用需求。对现役型号进行改进，形成系列化发展，既缩短了研发的时间，又大大减少了研发费用，还增加了规模化效益，已经成为各国发展精确制导弹药的重要趋势。例如，轨道－阿连特技术系统公司正在原有“紧急精确迫击炮弹”的基础上进行改进，以竞标美国陆军“制导迫击炮榴弹”项目；法国 TDA 公司为满足法军作战需求而研制了配装杀爆战斗部的“鳌刺”机载火箭弹新型号。此外，将相同的技术应用于不同的产品也是加快弹药研制进度的有效方法。法国泰勒斯公司利用相同的激光制导技术开发出“鳌刺”LG 激光制导火箭弹、120 mm 制导迫击炮弹、BAT－120 制导炸弹多款产品；美国海军在相同的小型任务装定器和低成本激光半主动导引头支持技术下开发 81 mm、155 mm、60 mm 三种不同口径的制导炮弹；轨道－阿连特技术系统公司在“短柄斧”小型制导炸弹中使用了为炮射制导火箭弹研制的杀伤力增强弹药技术；达信公司研制的“罗神”制导炸弹采用了泰勒斯公司“轻型多用途导弹”的大量技术。

（2）采用模块化设计，装配性强

精确制导弹药模块化设计和生产是未来系列化发展的必要手段与前提。所谓模块化武器，是指按照武器系统组成模块化设计思想、具体结构与功能特点，用互换性强的通用化部件、对接面或连接模数可控的分系统，设计成多用途系列化武器。它是系统工程在武器系统研制中的具体应用。由于精确制导弹药种类很多，需要的发射平台种类多，在战时会大大增加工作量，从而降低战术可靠性，这就需要对采用模块化设计，提高通用性。由于采用模块化设计，“金牛座”KEPD350 通用性较强，可装备 F/A－18、F－111 等多种战斗机。法国的多任务作战导弹项目探索研究了多种变型产品的核心通用模块导弹设计，可装备于车辆、直升机、战斗机和小型舰艇。美国的联合空地导弹采用模块化设计，可装备于阿帕奇、“海鹰”和大黄蜂等多种战斗机，而联合防区外武器（JSOW）采用通用模块化弹体，可携带各种有效载荷。美国陆军提出以集群方式投放弹药能够有效提升作战效能，并在此思想的基础上开展了“父子协同攻击”弹药概念研究；美国陆军和 MBDA 公司先后提出了全模块化弹药发展思路，分别启动了“模块化导弹技术”项目和“柔性”机载导弹方案；美国空军提出下一代弹药应当以更小的体积实现更高的毁伤，以满足挂载平台内埋武器舱的尺寸限制，保证平台的隐身性能，并在此理念的基础上提出了“双用途含能材料”项目；美国陆军和 MBDA 公司都认为多用途弹药能够减少平台携带的弹药种类，提高作战灵活性，降低后勤负担，分别开展了先进多用途坦克炮弹和“灵巧滑翔者”通用制导炸弹的研制工作。未来的精确制导弹药要尽量满足不同种类飞机、车辆和船艇等平台的使用，攻击不同种类的作战目标。

（3）采用通用化设计，通用性强

精确制导弹药模块化设计方法的实现，是以零部件的通用化为先决条件的。没有零部件通用化，就谈不上模块化设计，就不能实现系统系列化发展。精确制导弹药是根据作战环境和目标特性来研制的。因此，多军兵种完全通用化的导弹武器系统是不可能的，也是无法实现的，但精确制导弹药可以借用公共性的技术成果、通用性的零部件实现导弹武器系统的集成。模块化与通用化设计水平的高低也是一个国家科技水平发展的标志。模块化、通用化设计水平的提高，大大简化了系统的复杂性，优化了系统的整体性能。比如：美国“战斧”导弹系列是模块化设计、零部件通用化的典范，其主要表现在以下几个方面：一是在美国“战斧”导弹系列中，均采用了 APN－194 雷达高度表；二是陆射型与海射型都使用同一种助推器；三是制导体制均采用 TERCOM + DSMAC 制导方案；四是陆射型与海射型均采用相同的武器控制系统与任务规划系统。

（4）强调低成本化设计，效费比高

精确制导弹药属消耗类弹药装备，具有编配量大、编配级别范围广等特点，未来遂行作战任务过程中，将消耗大量的战术导弹。相比于传统弹药而言，精确制导弹药技术先进、高价值部件多，加工、生产、检验验收和使用保障复杂，由此造成采购价格高、系统成本控制压力大、装备大批量采购时经费保障压力大，将会给国家经济造成巨大影响。近年来，世界各国均重视低成本精确制导弹药的研制与生产，从性能指标与使命任务匹配性、技术方案和器件选择的最优化、管理与采购制度、试验与验收法则等方面，均进行了深入研究。其中，美国在低成本精确制导弹药领域拥有丰富的经验，对全寿命周期内的费用构成要素、相互关系进行了深入研究，制定了包含战略、管理、技术和实施等多层次政策制度，形成了一系列的研究成果，并大面积推广应用至各个军兵种精确制导弹药。目前，我国已启动低成本化研究工作，并以小型战术导弹为研究对象，开展了相应的招标工作，为我国战术导弹低成本化研究提供了参考。

1.3.3 小结

国外在精确制导弹药发展过程中，一方面，重视新的军事理论、军事需求对战术导弹发展牵引作用；另一方面，也非常重视先进技术发展在发展过程中的引领作用，在技术和需求层面形成良性的互动机制。新型精确制导弹药概念的提出往往是以先进技术的集成为核心，因此，在技术发展趋势上，国外以提升精确制导弹药的飞行性能、打击精度、毁伤效果、装备成本、作战效能等为重点，以信息技术、微电子技术、光电技术、先进材料及制造技术、推进技术、航空航天技术等技术领域的发展为支撑，一方面应用于现役装备的持续改进，一方面通过技术推动和需求牵引的良性互动，发展新型武器装备。

1.4 精确制导弹药低成本化研究

1.4.1 低成本化目的

随着武器装备作战性能提升和持续的升级换代，世界各国精确制导武器在装备体系中的地位和比重逐步提高，精确制导武器高价值性决定了其研制和订购费用持续增大。目前，在弹药领域，世界各国在精确制导弹药领域投入了大量的研制经费和订购经费，且经费总额不断攀升。尤其在未来面对大规模作战条件下，精确制导弹药将会大规模投入使用，必将大量消耗军费，给国家和军队造成巨大的经济负担。

为提升军费的使用效率，立足于军品特点，营造竞争氛围，国家对军工企业组织形式进行战略调整，在军品准入制度实施重大变革以及社会主义市场经济不断深入发展的情况下，军工企业享有的行业保护和行业壁垒正在被打破，日益激烈的竞争环境正在形成。近年来，武器装备竞争局面愈演愈烈，竞争主体由国企之间扩大至国企与民企之间，也由企业集团之间逐步扩大到集团内部；竞争内容从单机发展至分系统，直至武器系统总体。竞争的案例已涉及预研、研制、生产、售后服务等各个领域。通过对精确制导弹药低成本设计方法、理论进行研究，旨在从全寿命周期的角度建立一套有效的武器装备成本控制体系。通过性能、可靠性、维修性、经济性诸多因素的综合平衡，使装备的效能费用比达到最佳，并为武器装备的经济寿命和维修周期提供决策依据，这也是控制武器装备费用、优化武器装备质量、谋求最佳效益、制定科学合理价格必不可少且十分有效的一种方法。

随着全球市场一体化的形成，能够在最短的时间内，以尽量低的成本，生产出能够满足用户日益个性化、多样化需求的高质量产品已成为现代企业竞争的焦点。尤其是市场经济不断发展的今天，在买方市场下，企业间的竞争更多地体现在产品的价格比拼，成本已经成为企业在竞争中获胜的关键因素。军品市场虽然具有一定的特殊性，但也在一定程度上遵守市场经济的普遍规律。有关研究表明，美国军品的竞争力在总体上位居世界第一，其重要原因之一是普遍采用了全寿命周期成本分析方法，有效地控制了产品成本。从目前国内武器装备成本管理现状来看，绝大多数企业还没有真正建立起武器装备全寿命低成本控制理论和方法体系，直接影响了产品的竞争力。因此，只有开展武器装备低成本研究，从技术、经济和管理学等角度出发，优化方案、制度和政策，避免较大失误，促进武器装备建设的健康发展，走出一条投入少、效益高的发展新路，才能优化并降低武器装备成本，提高军费使用效率和军工企业市场竞争力，解决武器装备快速发展与有限国防经费之间的矛盾，使武器装备真正“造得起、用得起、养得起”，形成大规模持久军队战斗力，同时兼顾国家、军方及军工企业的利益，形成武器装备良性可持续发展。

1.4.2 精确制导弹药低成本化意义

精确制导弹药成本高、研制周期长的问题一直困扰着各国军方，也为各国财政带来了沉重的负担。对于我国而言，在世界“百年未有之大变局”的形势下，以及国家大力推进精确制导弹药战略的大背景下，积极开展精确制导弹药低成本化研究，对于整体上提升军费使用效率、优化完善军品研制、订购验收、维护保障等政策制度，以及对国家军民协调发展、军队建设、装备高质量发展等具有重大意义。近几场局部战争表明，尤其近期俄乌冲突中精确制导弹药使用的经验研究表明，精确制导弹药是现代高技术局部战争中消耗最多的高技术武器，精确制导弹药攻防对抗将成为未来高技术战争的主要作战样式。因此，精确制导弹药的低成本化具有特别重要的现实意义，具体包含如下几个方面。

一是竞争形式的加剧要求在保证质量前提下，严格控制成本价格。在国家提出武器装备要建立“竞争、评价、激励、约束”四个机制后，精确制导弹药等武器装备领域发生了很大变化，竞争局面逐步激烈。随着等武器装备的不断发展和丰富，为了实现同样的作战目标，军方用户已有多种手段可以选择，实现在多种武器、多种作战方式之间找到“最佳消费比”，达到花费最小的代价实现相同的作战目标。在竞争加剧的大背景下，不论是国营军工企业还是民营军工企业，各个军工企业均应该增强紧迫感、危机感、使命感。紧迫感是指时间，危机感是指性能和价格，其中成本价格是赢得竞争胜利的关键因素之一。因此，为了能够在竞争中获胜，加大对军品成本价格的控制已成为各军工企业的必然选择。

二是追求经济利益的本能要求推动“降本增效”。作为军工企业，首先应坚持“国家利益高于一切”的核心价值观，但同时军工企业作为经营性法人实体，也承担着国有资产保值增值的责任，并有预算指标的考核。因此，军工企业迫切需要进一步加强成本控制，大力推进“降本增效”工作，以提高整体盈利能力。

三是企业可持续发展要求加强成本管理与控制。多年来，精确制导弹药军品一直注重和强调“质量制胜”“成功是硬道理”，毫无疑问这是正确的，然而，对“成本控制”往往重视不够。这与精确制导弹药的特点和军品价格政策不无关系。过去长期的多研制、少生产的科研生产背景和以成本定价的政策导向，是导致精确制导弹药成本管理粗放的重要原因。但是，如今以军品审价为基础的合同采购制，已经把精确制导弹药推向了“内部市场”竞争的前沿。面对如此严峻的竞争形势，军工企业必须清醒地意识到，过去管理成本的做法越来越不适应未来的发展，精确制导弹药研制生产也要积极重视“成本效益”问题，应该逐步实现战术导弹全寿命周期成本受控，形成研制生产“最佳费效比”产品的长效机制，以保持并增加可持续发展能力。

四是军方作为军品的最终用户，是军品全寿命周期内成本控制的责任主体，对军费使用效益负有直接责任。尤其对于附加值大、研制和订购经费高、作战效能高的精确制导弹药而言，持续开展精确制导弹药低成本化研究，提高经费使用效益，最大限度发挥精确制导弹药作战效能，具有重要的经济和军事价值。从时间维度上说，精确制导弹药低成本化涉及全寿命周期，军方应从作战理论、装备体系构建、型号论证、研制与验收、维护保障、装备延寿与报废等节点深入开展研究，优化和完善各节点成本控制的理论和方法，为制定装备建设发展相关的政策制度、型号性能与技术方案、产品制造与验收、装备的维护和保障等提供支撑，实现武器装备的低成本化，最大限度提升精确制导弹药经济和军事效益。

1.4.3　国内外研究现状

总体而言，在精确制导弹药低成本化研究领域，不论是在理论方面还是在实践方面，以美国为首的西方军事强国始终处于领先地位。由于国内长期以来处于和平状态，并且用于军贸精确制导弹药在国际间的竞争压力较小，精确制导弹药低成本化研究尚未形成成体系的研究成果，与世界军事强国差距较大。

1.4.3.1　国外研究现状

长期以来，由于美国在世界各地发动了多场战争，其始终处于战争状态，对精确制导弹药等军品的需求量和消耗量大，对军费经济和军事效益的发挥具有深刻体会，其对低成本化研究始终高度重视，在战略、管理、技术和实施等多个层面探索低成本化的途径和方法，在精确制导弹药低成本化的新政策、新技术和新概念等方面取得了显著成果，在战术导弹低成本化研究方面走在了世界前列。具体表现在以下几个方面：

（1）降低全寿命周期费用是低成本化的目标

美国通过研究表明，全寿命周期包括采购和使用两个过程，可分为方案探索与确定、研制、生产和使用保障等四个阶段。全寿命费用分布在以上各个阶段，包括论证、研制、生产和使用保障的费用。研究人员通过核对各型精确制导弹药全寿命周期费用构成，以典型战略导弹为例，研究总结得出论证费、研制费、生产费、使用保障费分别占全寿命周期费用的 3%、12%、35% 和 50%。由此可见，通常情况下，精确制导弹药的使用保障成本与采购成本不相上下，约各占 50%，并且精确制导弹药的可靠性和可维修性越差，使用保障费所占的比例越高。

（2）研究了各阶段各要素在成本中的比重

美国通过研究发现，精确制导弹药前期论证和决策对降低成本尤为重要。虽然精确制导弹药项目在早期所需要的费用较少，但早期活动却决定了武器系统的绝大部分全寿命费用。项目论证阶段所需费用通常只占武器全寿命周期费用 3%，但对全寿命周期费用的影响却高达 70%，极大地影响使用保障费的多少。也就是说，精确制导弹药在经过主要指标和可行性论证、技术方案论证，确定了技术途径之后，很难再引进新思路。技术方案如果存在问题，则后患无穷，轻则计划失调、互相牵扯，重则半路搁浅、进退失据，不得不改变方案、重新设计。项目研制阶段对导弹全寿命费用的影响为 18%。在此阶段，尽管精确制导弹药的基本设计已大体完成，主要成本已基本定局，但仍然可以寻求一些低成本化的途径与方式，如采用先进的制造工艺、选择费用较低的零部件、尽可能采用商业规范与民品等做法。生产阶段和使用保障阶段对全寿命费用的影响只有 10% 和 2%，已不构成较大影响。美国通过研究发现，影响战术导弹武器成本的主要因素包括以下几个方面。

一是更改设计的幅度与时机。成本通常与更改设计的幅度和时机有关。更改设计的原因一般是最初过度追求高性能指标和先进技术，导致设计与研制和生产脱节，遇到障碍后不得不修改设指标。研究表明，更改设计所引发的成本随更改幅度的增大呈指数增长。在项目早期更改设计较为容易、投入也较少，随着时间的推移，更改设计会越来越难，引发的成本也会成倍增长。

二是性能。为了提高武器的性能，通常要采用新型复杂的电子元器件、电子设备和系统。为了设计、试验这些分系统，并把它们综合成一个完整的武器系统去完成规定的任务，就要提高研制费用。为了生产这些复杂的高技术系统和设备，不仅要采用高性能、高可靠、精密的元器件和先进材料，而且要求先进的工装测试设备和熟练的技术人员及工人。这些都会导致武器系统生产成本的增加。在性能达到一定程度、接近极限时，精确制导弹药的成本将随性能的提高呈指数增长。因此，必须在性能与费用之间进行权衡，避免性能与费用的比例失调。

三是可靠性和可维修性。武器系统的可靠性和可维修性是影响全寿命费用的关键因素。但是这种影响在研制和生产过程中不能立即显现出来，其巨额回报要在若干年后通过后勤核算才能显现出来。因而，在订购过程中，人们往往对武器性能更感兴趣，而可靠性和可维修性得不到重视。通过研究发现，可靠性、可维修性与费用的关系如图 1－5 所示。

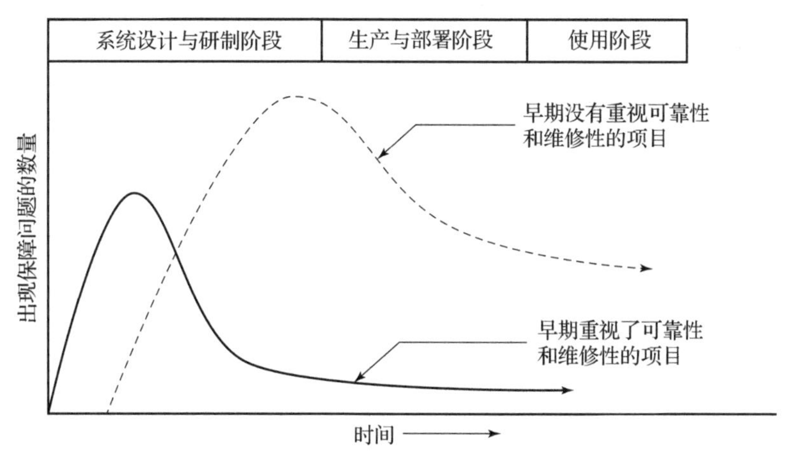

图 1－5　可靠性、可维修性与费用的关系

由图 1－5 可见，随着对可靠性和可维修性要求的提高，对设计、工艺、材料选择、制造精度、地面试验与飞行试验的要求也将相应提高，会增加武器系统研制与生产费用；另外，随着武器系统故障的减少、平均无故障时间的延长，又使得使用费与保障费大大降低。由此可见，若可靠性和可维修性指标选择得当，将使武器的全寿命费用大大降低。因此，根据武器系统的特点、使用条件、用户对象等综合因素，在性能参数确定的前提下，合理权衡可靠性、可维修性的指标与费用，使之达到总体最优，是低成本化需要考虑的重要因素。

四是采购数量。采购数量对采购成本高低有显著影响，加大战术导弹的批量有利于降低单价成本。若采购数量在 1 000 枚以上，战术导弹的采购成本将会显著降低。比如：美军在采购 AGM－130 空地导弹时，采购数量为 711 枚时，单价为 83.2 万元/枚；但如果采购数量为 4 000 枚时，单价可下降到 30 万元/枚。也就是说，总成本增加 1 倍，导弹采购数量可增加 4 倍多。

（3）明确了低成本化的途径和方法

长期以来，美国始终将低成本化研究成果应用于实践，其降低精确制导弹药全寿命周期费用的主要措施可以分为战略、管理和实施三个层面：战略层面侧重的是武器装备的订购战略和发展思路，以降低订购费为目标；管理层面偏重于流程的管理和控制，以降低全寿命费用为目标；实施层面侧重于在主要技术上体现低成本的观念和要求，以降低武器研制费、生产费为目标。

- 在战略层面降低成本的途径

在战略层面，如何根据国家安全目标、军事战略、作战需求和资源条件等制约因素，低成本、短周期地研制出先进的武器系统，是各国订购界面临的首要问题。美国调整订购战略和指导思想，使需求与技术基础密切结合，建立便于及时吸纳新技术和用户反馈意见的灵活机制。按“四化”发展精确制导弹药，减少重复建设，提高效率。

一是调整订购战略。实践证明，在武器系统订购过程中，需求与技术基础契合得越好，则订购效率越高，武器系统的经济可承受性越好。多年来，针对复杂武器系统订购周期过长、订购成本过高的难题，美国一直在进行订购改革。从最初的一步到位订购战略，到美苏军备竞赛时期的预先计划产品改进战略，再到 2011 年美国官方文件首次提出的渐进式订购战略，美国一直在寻求可兼顾近远期军事需求，既能以最低成本、最短周期形成初步作战能力，又能及时吸纳最新技术，使武器系统实战能力持续提高的高效订购战略。主要包括：①一步到位订购战略。从订购开始时就确定全部需求，缺点是在研制过程中不便于及时吸纳用户的前期反馈和最新技术，获得初步作战能力所需的时间较长。届时作战能力已落后于技术基础，即使改进后，作战能力的提高也有限。②预先计划产品改进战略。先利用成熟技术形成初始系统，同时考虑武器全寿命期间逐步改进的方案，并做好技术、经费和订购管理等方面的准备，待条件成熟后，按预订方案更换部件，使系统日臻完善，提高其战备水平和使用效能。与一步到位订购战略相比，预先计划产品改进战略更易于吸纳最新技术，需求与技术基础契合得更好。③渐进式订购战略。这是一种有计划、分步骤实施的订购方式。第一步，根据对威胁的分析预测，利用成熟技术和经过验证的制造方法，确定、研制、生产武器装备，快速部署并形成初始战斗力；第二步，进行后续研制、生产和部署，使战斗力不断加强。渐进式订购不是一开始就追求大、新、全，而是从最基本的能力着手，先建立合理的基本系统，然后逐步升级、更新技术，并保证更新过程不影响其现实战斗力，使前沿技术以阶段性工程和阶段性投产的方式更快装备部队，有利于新技术迅速转化为战斗力。与预先计划产品改进战略相比，渐进式订购战略最初交付的能力可能比需求的能力低，但是在渐进式订购的过程中，用户、试验和研制部门不断进行沟通，前期反馈可以迅速用于确定最终需求，因此，这种策略可以缩短装备实现初步战斗力的时间，便于及时吸纳最新技术，有利于能力、需求、技术基础的更好契合，经济可承受性好，技术风险低。

二是落实“四化”理念。所谓四化，指的是：系列化，战术导弹型号按作战任务的不同，或射程、战斗部、制导系统等技术特征，合理分档，分组发展；标准化，在质量、品种规格、零部件通用等方面，运用统一的技术标准；通用化，“一弹多用”，同一型号用于不同发射平台，以及元部件的通用化；模块化，把战术导弹分系统按预定接口关系，设计成积木式模块。实践证明，“四化”可以减少重复研制，节约大量研制费，有助于批量生产，降低生产成本，并可以满足各军种的作战需要，简化操作使用与后勤保障，从而减少使用维护费。美国制定有多项订购政策、法规，要求在研制和采购导弹时，尽可能考虑军种内部、三军之间、北约内部的武器系统标准化和通用性要求。美国还成立了促进导弹“四化”管理机构，如巡航导弹联合计划局。该局的一项重要任务就是负责管理海、空射巡航导弹主要部件的通用化，确定了通用部件占70%的目标。

- 在管理层面降低成本的途径

在管理层面，美国主要以控制战术导弹全寿命周期内成本为根本目标，加强对战术导弹论证、研制等进行统筹管理，以期达到降低成本的目的。

一是重视全寿命费用管理。在订购一开始就对研制、采购和维修费用进行全面考虑，制订综合后勤保障计划，研究如何做到少维修、易维修，以保证武器系统能以可承受的全寿命费用实现系统效能目标。美国国防部设有负责全寿命费用管理的特设机构“费用分析改进组”，由国防部负责计划分析与鉴定工作的助理部长直接领导，其职能是对国防订购计划进行阶段审定之前估算项目的全寿命费用。在项目的每一个阶段，军方都要求承包商反复进行费用、进度和性能之间的权衡，从而选择出费用、进度和性能最佳方案。

二是重视前期论证和早期决策。美国通过研究发现，重视前期论证和早期决策，在设计阶段尽早考虑工艺原理，并在生产之前验证制造工艺，可以大大降低更改设计和返工引发的费用。美国十分重视重大工程项目的前期论证和早期决策。一个新的重大工程项目立项，要经过反复的任务需求分析、论证、审查和严格的批准手续，并专门设立联合需求监督委员会对任务需求和使用要求进行不断的审查，提交订购管理系统。在大量投入资金，正式进行全面研制之前，要花几年时间进行多方案的研究比较，制造试验样机进行演示。在前两个阶段进行方案的反复权衡研究、试验的基础上，在主要研制风险已基本排除之后，经过多次正式技术审查和多次里程碑决策，工程项目才能进入全面研制阶段。

三是引入竞争机制。竞争是提高导弹武器性能、降低成本的有效手段，也是激发创新精神、提高产品质量、降低成本、加快订购进程的利器。美国国防订购一贯采用竞争政策，如“百舌鸟”反辐射导弹在独家供应时，单价为 19 500 美元，在两家竞争后，报价分别降为 4 480 美元和 3 850 美元。美国采取了设计竞争和生产竞争的办法。设计竞争旨在降低技术风险、寻求最佳设计途径。做法是在研制过程的早期，从多家竞争者提供的设计方案中选择几个方案；在演示验证阶段，再从中选择两家提供试验用的样机；到工程研制阶段，一般选定一家公司研制样机。生产竞争是在设计竞争结束后，由两家以上公司对生产项目进行投标，竞争部分乃至全部生产合同。

- 在实施层面降低成本的途径

一是在方案探索与确定阶段。该阶段是决定战术导弹武器成本的关键阶段。此阶段要做好前期与后期工作的衔接，减少返工损失；在设计时，统筹考虑成本与性能，以免出现“镀金”现象，即设计阶段将武器性能指标定得过高，在实际研制中无法达到，或性能指标超出实战需求；重视可靠性和可维修性设计，即便对寿命费用的影响不能“立竿见影”，在设计之初就考虑到未来的改进工作。主要包括：①重视“并行工程”。“并行工程”是一种系统工程模式，是指对产品的制造和保障过程进行并行的一体化设计。在产品设计初期，就由与产品全寿命周期有关的所有人员，包括技术人员、用户等组成并行设计小组。该小组参与产品开发的全过程，就产品全寿命周期中的所有问题，如质量、成本、进度、用户需求等进行交流，并最终做出决策。②合理平衡性能与费用。费用、性能、进度与风险是战术导弹武器相互依存又互相对立的指标，片面强调性能与进度将会导致导弹武器费用和风险的增加。从早期的“限费设计”，到近期的“将成本作为独立变量”设计，美国一直在探索平衡费用、性能、进度与风险的最佳措施。从美国的经验可以看出，将全寿命费用作为与性能、进度和风险同等重要的指标，是解决四者矛盾的重要途径。③重视可靠性和可维修性。大量研究表明，在设计阶段重视可靠性和可维修性的战术导弹武器，将会大大降低后期使用过程中的保障问题，全寿命成本也将大大降低。美国一直很重视武器装备可靠性和可维修性，并建立了统一的可靠性管理机构和数据交换规范，并在不同时期相继出台了多部可靠性和可维修性的管理文件。比如，1985 年，美国空军颁布 R&M2000 大纲，规定所有新武器系统的可靠性必须比现有系统提高一倍、维修需求减少一半。美国陆军也颁布类似大纲，提出到 2000 年，新系统的使用与维修费要减少。在设计时就考虑到将来的改进。在设计导弹时，先应用经过验证的技术、设计出小风险的方案并留有改进余地，待新技术成熟后，再改进导弹、逐步提高其性能，是解决先进性与可行性之间矛盾、规避技术风险、缩短研制周期、降低成本的有效措施。其中，预先计划产品改进战略就是一个具体的办法。实践证明，不但有助于导弹武器的性能随威胁的变化而提高，而且可以降低技术风险、延长武器使用寿命、简化后勤保障工作、节约大量费用。

二是在研制阶段。尽管在研制阶段，战术导弹武器系统的基本设计已大体完成，主要研制费用已基本确定，但仍然可以寻求一些降低成本的途径，如选择较便宜的零部件、采用新技术等，进一步降低研制与生产成本。例如，平面阵列的成本可能降低 20%，武器级 GPS 接收机成本已由 20 世纪万元级降到现在的千元级，惯性测量器件的成本已从20世纪数万美元降到现在的千元级。战术导弹武器的制导控制、推进、战斗部、弹体等分系统的成本，对其整体成本有重要影响，尤其是制导控制系统的成本对全弹成本的影响显著，降低制导控制系统和发动机等关重部件的成本是低成本化的重点。

- 新技术、新工艺的应用

一直以来，美国特别重视新技术、新工艺等在战术导弹低成本化中的应用。在新制造、新工艺方面，相继推广应用了“精益制造”和“敏捷制造”。“精益制造”的目的是采用多种灵活手段形式，力求以最低的投入，获得最大的产出和完美的产品。“敏捷制造”是指制造企业采用现代通信手段，把企业内部和分布在全球的合作企业的资金、设备、柔性制造技术及高素质人员进行全面集成、优化利用，以有效和协调的方式响应用户需求，达成制造的敏捷性。在敏捷制造中，产品的批量和产品的生产效率及成本已经没有必然联系，单件和小批量产品在设计制造部门可能会汇聚成大批量生产，通过多个企业的动态联合、共同协作，可以降低对每个企业生产能力的要求。一个企业可以只负责产品开发中的一小部分，实现了整个社会资源的最佳配置，产生更显著的效益。为了达到降低成本的目的，一直以来，美国始终重视新技术的应用。在新制造技术方面，突出应用了快速成型技术、计算机模拟与虚拟技术、3D 打印技术、新材料和新工艺等。在新关键技术方面，主要应用了 MEMS 微机械技术、低成本制导技术和 SoC 集成芯片技术等。比如：1996 年，美国陆军正式提出为 Hydra－70 非制导火箭弹加装制导组件，开发名为“先进精确杀伤武器系统”的制导火箭弹，如图 1－6 所示。APKWS 将沿用 Hydra－70 火箭弹的 MK66 发动机、M151 战斗部和 M423 引信，并与 Hydra－70 具有相似的射程，但其最大射程处的圆概率偏差将减少 1～2 m。APKWS 的单发生产成本将比 Hydra－70 高 7～9 倍，但却比“海尔法”反坦克导弹便宜很多，故仍属于低成本弹药。事实上，开发 APKWS 的目的就是填补 Hydra－70 和“海尔法”之间的空白，为空地攻击提供低成本精确制导武器。美国在战术导弹低成本研究方面始终处于世界前列，通过多年理论和实践探索，在基于美国国情和军情等实际条件下，已经形成了完整的理论体系和实践案例，为其他各国提供了借鉴经验。

图 1－6　先进精确杀伤武器系统

1.4.3.2　国内研究现状

长期以来，由于我国在军工行业的投入和技术等基础薄弱，受制于理念、技术、人才、资金和生产条件等限制，我国在武器装备研制与生产领域，尤其是战术导弹等高技术武器装备领域远远落后于美国、俄罗斯等世界军事强国。我国大多数列装的高新技术装备均是采购或仿制其他军事强国，军方关注的重点是“解决有无”，尚没有关注“军品优化”，并且不论是从技术上、人员上还是生产条件上，我国均不具备开展低成本化研究的基础，基本上都是借鉴国外先进武器装备的研制和生产成果，来解决我国自身武器装备的更新换代或填补领域空白。当前，随着国家加大经费、人力和物力等资源投入，各军兵种武器装备发展取得了长足进步，我国已基本解决“有无”问题，国内武器装备已进入优化发展的新阶段。总体而言，国内战术导弹低成本化研究主要存在以下几方面的问题。

①低成本化理念初步形成，尚未形成体系化研究成果。

近年来，随着我国科学技术和综合国力的快速提升，以及我国整体安全形式和军事战略的调整，在军工行业领域，我国与世界军事大国的竞争态势已由“跟跑”逐步转变成“并跑”，在武器装备研制方面，已由“采购”和“仿制”逐步转变成“自研”。我国在精确制导武器领域，逐步形成了自我的研究体系，基本满足了军队武器装备发展需求，同时，也部分参与了国际军贸市场的竞争，并取得了一定的成绩。当前，不论是在机载空地导弹、便携或车载防空导弹、多用途导弹等领域还是在国际军贸中，均有一定的斩获，由此说明，我国在精确制导弹药领域已具备与世界军事大国整体竞争的实力。随着我国精确制导弹药的发展，在整个军品订购领域的比重逐步提高，其较高的订购价格和成本严重制约了研制和订购，直接影响了精确制导弹药训练与作战使用。同时，在国际市场上的竞争力也间接地受到了高价格的影响，部分影响了产品竞争力。因此，近年来，军方和企业逐步认识到低成本化的重要意义，逐步开展了低成本化研究，低成本化理念逐步形成，但大多数仅仅是局部的、单点的和不成体系的研究，尚未形成低成本化理论研究体系。比如：部分低成本研究项目，力图从根本上解决空地导弹高价格的问题，但仅仅从技术方案和生产方案中解决低成本化，未涉及订购政策调整、检验验收规范优化等深层次问题。此外，各军种近年来也逐步推广应用 SoC 芯片技术（一种集成电路的芯片，可有效降低电子/信息系统产品的开发成本，缩短开发周期，提高产品的竞争力），如图 1－7 所示，力图大幅降低精确制导弹药中的高附加值的各种计算装置的成本，但限于该技术，仅开展了部分型号的演示验证，尚未在型号研制中大规模推广。同时，在武器装备研制领域，“系列化、模块化、标准化和组合化”的“四化”思想尚未完全形成，同时，“敏捷制造”和“精益制造”尚未大面积推广应用。

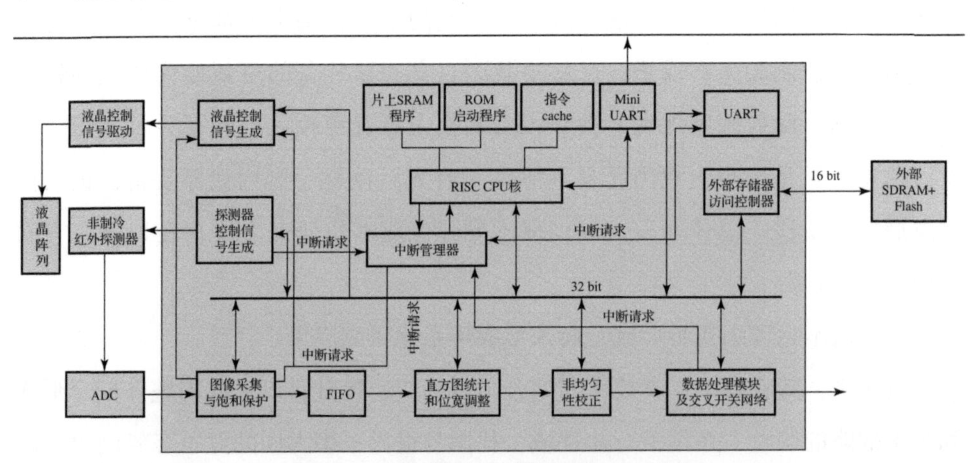

图 1－7 某型导引头图像处理 SoC 架构

与美国等世界军事强国相比，因科学技术、经济水平和武器装备发展水平等实际条件限制，我国尚未完全形成从论证、研制到生产和保障全寿命费用低成本化理论体系。

②竞争择优态势初步形成，但尚未形成良性择优氛围。

竞争择优是精确制导弹药低成本化的重要抓手。世界各军事强国不论是国内研制武器装备还是全球采购武器装备，绝大多数国家均通过竞争择优确定订购对象，确定择优价廉、适合自身特点的武器装备。长期以来，限于我国的经济体制形式和国内对军品的严格管理，在军品领域尚未大面积推广竞争择优方式，同时，精确制导弹药属于国家严格管控装备，并且传统研制和生产单位均为国有企业，尚未采用竞争择优确定研制和生产单位的先例。近年来，随着国家相关发展战略的推进，在一般军品领域已严格贯彻执行了竞争择优策略，尤其在精确制导弹药领域，部分军种对国有军工企业或优质民营军工企业尝试采用竞争择优方式确定承研承制总体单位，国内军品竞争择优态势初步形成，但还存在以下问题：

一是竞争择优配套政策不健全，对参与竞争择优企业的资质、能力等缺乏统一标准，且尚未形成失利补偿机制。

二是缺乏合理的准入机制，竞争择优消耗过大，浪费了大量的人力、物力。比如：部分型号参与竞争择优的厂家数量过多，各家均研制了样机，参与了试验，但结果只能选取 1 ~ 2 家，从而浪费了国家大量的人力、物力和财力。

三是国内技术水平差异不大。多数案例中，各家技术方案大同小异，竞争择优主要以低价为主，极易造成低价恶意竞争，技术差异较小，竞争择优尚未完全体现性价比的优势，影响行业良性发展。

总之，国内军品竞争择优尚处于初步发展阶段，不论是在配套政策制定方面还是企业竞争择优理念和技术积累方面，尤其是在严格管控军品领域，竞争择优政策推广实施仍旧与世界强国差距甚远，急需国家和军队加强竞争择优制度建设和管理，强力推进竞争择优引导武器装备发展的政策。

③低成本技术支撑不够，低成本化道路任重道远。

鉴于当前我国军工行业的整体水平与美国等军工大国差距较大，在相关关键技术领域的差距尤其明显，并且国内各方对低成本和低成本技术的认识存在差异，缺乏对低成本技术和专利等的良好保护，造成部分军工企业认为低成本就是低利润、低效益，积极性不高，对低成本技术的开发和应用热情不够，参与程度不高，我国精确制导弹药低成本化之路依旧任重道远，急需国家和军队相关机构加强领导，从政策制度上、技术牵引上、生产条件上等各方面进行优化完善、调整配置，充分调动各单位积极性，发掘低成本技术的开发和应用潜力，大力推进低成本研究，达到最大限度地发挥有限军费的经济和军事效益。当前，我国仅初步开展了部分低成本技术的开发和应用，比如：基于国内微惯导技术水平，部分军种在型号研制中应用了国内外相对成熟的 MEMS 微惯导技术，取得了一定的成效。另外，在快速成型技术方面，为降低进度，提高研制效率，部分型号应用了 3D 打印技术，快速、准确地试制了样机，为工程样机研制节省了时间和经费。在生产条件建设领域，部分企业充分发挥现代制造技术的优势，利用智能化无人化技术，研制开发了智能机器装配调试设备，大大节省了人力，降低了废品率，提高了生产效率，节省大量的生产经费，直接降低了成本费用。

④武器装备发展理念保守，急需认清战术导弹地位和作用。

长期以来，因我国武器装备发展受制于国情、军情，且大多数来源于军购和仿制，我国在武器装备发展理念相对守旧，缺乏对精确制导弹药的正确认识，对采购价格和作战效能的综合认识不到位，有偏差，直接影响了战术导弹的发展，也影响了军队战斗力的形成。对现代战争的残酷性、复杂性和艰巨性认识不足，没有认识到精确制导弹药的高效性、快速性和精准性，仍旧停留在大面积压制、饱和式攻击层面，没有认识到大面积压制和饱和式攻击将给后勤保障和国际舆论造成极大压力，精确制导弹药的发展尚未到井喷式阶段，由此也造成发展步子不够快，更新换代的节奏不够快，低成本化动力不够强。我国武器装备的发展必须更新观念，正确认识的地位和作用，充分调动和发挥国内各企业、各单位的人才积极性，加大战术导弹的研发力度和支撑力度，形成跨越式发展态势，为精确制导弹药低成本化研究创造条件。

⑤装备管理机构独立设置，缺乏专业统一的管理机构。

长期以来，限于我国的经济体制和武器装备发展，我军的武器装备研制、生产、使用和维护等工作基本上沿袭苏联的做法，对武器装备实施实行计划经济。同时，我军装备长期采用分段管理的体制，装备的研制费、订购费与维修费由不同部门分管，难以实行对武器装备实现全寿命周期成本的有效控制。即便后来成立了专门机构，实现了全军武器装备工作的集中统一领导，在运行机制、组织体制上理顺了装备科研、订货、管理和保障等方面的工作关系，但在确定型号中，尤其在论证单位层面，尚未从根本上解决并克服管理多头分散、职能重叠交叉等弊端。

1.5　发展启示与发展趋势

1.5.1　发展启示

（1）处理好装备质量和建设效益的关系

成本的降低可能导致装备质量下降，并影响装备建设效益，因此，在树立低成本发展理念的过程中，须处理好质量和效益的关系。当前，随着我军装备的不断发展，体系化要求越来越高，以提高装备体系贡献率为目标，在国家经济可承受的条件下，树立低成本发展理念，统筹考虑装备质量和效益，平衡总体方案先进性和成本之间的矛盾，积极发展性价比更高的装备，达到“需求牵引、技术支撑、经济保障”的综合要求。

（2）处理好政治效益和经济效益的关系

军事是政治的表现形式，追求最大的政治效益是发展装备首要目的。对于具备非对称优势的“高、精、尖”我军装备，由于对军事效益产生巨大影响，并对政治效益起着决定性作用，因此，在发展上述装备时，应弱化经济效益和低成本理念，发挥新型举国体制优势，集中国家优势企业力量，汇聚国家所有经济和技术力量，力求技术突破，完成装备研制，以达到最大的军事效益和政治效益。

（3）处理好企业利益和军事效益的关系

装备建设需要依托地方工业企业提供强大支撑。维护军工企业利益，能够有效促进企业创新积极性的提升，有利于我军装备持续发展。因此，在树立低成本理念发展装备过程中，须关注企业利益，处理好企业利益和军事效益关系。成本控制可通过压缩无效消耗、减少管理损耗、提高工作效率等手段，降低装备成本，确保企业利益不变，力争企业利润有所提升，最大限度保持和提升企业发展军工装备的积极性，维持企业可持续发展，促进我军装备可持续发展。

（4）处理好装备成本和建设规模的关系

在装备经费总量基本确定的条件下，装备成本和装备规模将成反比例关系，成本低，规模大；成本高，规模小。树立低成本理念，控制装备成本，有助于扩大装备规模，加快我军装备全面建设步伐。另外，在保持企业利润不变的条件下，降低装备成本，提高装备订购数量，扩大装备规模，也有助于提升企业利润，保持企业积极性，更大限度促进我军装备向更高层次发展。

（5）处理好竞争择优和市场主体的关系。

在装备发展过程中，积极引入竞争机制有助于树立低成本理念，培育更多的市场主体，最大限度降低装备成本，提升装备经费使用效率。同时，有利于丰富和完善装备供应链，提升供应链稳定性和多样化，保证装备订购任务及时性和稳定性。但是，通过近些年竞争实践的结果看，在引入竞争机制，充分释放竞争红利的同时，应更多调动和维持市场主体参与竞争的积极性，充分调动市场主体贯彻低成本理念，力争实现“要市场主体降成本”向“市场主体要降成本”的主动转变。

1.5.2 发展趋势

综合国内外对精确制导弹药低成本化研究现状，结合未来国防科学技术的发展、未来战争态势的演变，以及国家安全形势变化和军事战略方针调整，可以看出，战术导弹低成本化研究的未来发展趋势主要有以下几个方面：

一是必须重视全寿命周期内成本控制，从论证、研制、生产、验收和维护保障等方面，统筹考虑战术导弹低成本化，尤其要重视在论证阶段的成果对战术导弹全寿命周期成本的影响，从源头上对成本进行控制，为低成本化打好基础。

二是必须加强国家和军队在订购制度制定、生产配套条件建设规范、竞争择优制度制定和落实、军民融合战略推进等方面的工作力度，力争从战略管理层面为战术导弹低成本化把好方向，营造好氛围，创造好条件。

三是必须激励低成本技术的研发、推广和应用，充分调动各行业、各单位的主观能动性，积极研发相关专用技术、制造技术和管理技术，并及时推广应用，为低成本化奠定技术基础。

1.6　本章小结

本章主要对精确制导弹药的概念及特点、低成本化的研究现状和存在的问题进行了梳理，并对低成本化研究的未来发展方向进行了展望。

第2章
精确制导弹药全寿命周期成本分析

2.1 概述

鉴于武器装备订购周期长、影响装备全寿命周期费用因素多，并且订购价格是反映全寿命周期费用的最直观表现，因此，极易给各相关业务人员造成误解，即某型装备价格高、某型装备价格低等假象。装备全寿命周期费用涉及装备论证、制造、检验、使用、保障等，构成要素多样、组成关系复杂，订购价格仅为装备全寿命周期费用的一个因素，无法完全表现装备全寿命周期费用的科学性和合理性，更不能全面反映武器装备的效费比。就某型导弹装备而言，其武器装备全寿命周期费用的决定因素非常多，宏观上说，大到一个国家的经济和技术实力，小到一个地区和一个企业的规模效益；微观上说，一型装备的编配级别和比例，甚至一型装备的技术方案和加工工艺等。武器装备全寿命周期费用的阶段性、复杂性和时间性等特点决定了衡量一型或多型武器装备的军事和经济效益是多约束条件下最优化问题，对其研究应是全方位、全要素、全周期、全过程的，目的就是建立科学、合理、完整的评价体系，不仅符合国家整体社会经济发展水平，还能够满足国家安全形势发展要求；不仅有利于国防资源的科学应用和武器装备的未来发展，还能够保护军工企业积极性和可持续发展能力。

比如，某型战术导弹武器系统全寿命周期费用概略测算结果见表2-1。

表 2－1　某型战术导弹武器系统全寿命周期费用

费用	论证/研制费用	订购费用（箱装导弹）	训练与保障费用	退役费用	合计
数值/亿元	4.526 9	162.18（55.04）	15.9	0	182.61
占比/%	2.48	88.81（30）	8.71	0	100

从表 2－1 可以发现如下现象：

①在武器装备的发展初始阶段，论证与研制费用消耗较低，仅占全寿命周期费用的 2.48%，但该阶段费用决定了后期各阶段的费用多少。因此，在论证与研制阶段应充分研究全寿命周期费用的因素，综合考量性能－费用关系，以期达到最优化目标。

②该型武器装备的订购费用最多，占全寿命周期费用比例为 88.81%，由此可见，装备订购的价格和数量决定了订购费用多少。因此，应充分研究影响订购目标价格的各种因素，最大限度发挥武器装备订购经费的军事和经济效益。

③订购费用总额中箱装导弹数量和占比分别为 55.04 亿元和 30%，而其他战斗和勤务保障装备费用和占比为 107.14 亿元，占比为 58.69%。由此可见，武器系统战斗和保障装备技术方案也是影响武器系统效费比的重要因素。

针对上述情况，近年来为了实现在论证与研制阶段控制武器装备全寿命周期费用总额，世界各国均在理论、方法和手段等方面进行了探索和研究，初步形成了一套的技术、方法和理论体系，对武器装备全寿命周期费用的控制起到了促进作用。鉴于论证与研制阶段是武器装备全寿命周期费用控制的关键阶段，基于乙方追求利益最大化原则，乙方在推动全寿命周期费用控制的积极性比军方（用户）要小，鉴于此，作为用户的军方应是主导装备全寿命周期费用控制的主体，军方必须在装备论证与研制过程中严格控制战术技术指标、权衡和评估技术方案等因素，为国防资源最大化利用创造条件。

2.2　成本分析流程与方法

人们通常使用效能来体现军事装备所具有的价值，也就是军事装备能够达到的某个或多个任务目标的能力。装备效能－费用分析是统筹装备效能与消耗费用的综合评估方法，目的是使得装备的效费比最大化，并实现国防资源利用率最大化。装备效能－费用分析是贯穿武器装备全寿命周期重要的研究方法，该方法从费用和效能两个方面综合评价各个方案的优劣，是追求效能－费用最佳匹配的方法，也是促进武器装备迭代论证的重要因素。装备效能－费用的研究内容是结合武器装备使命任务、使用性能、战术技术指标和研制进度等各方面因素，从定量角度统筹考虑武器系统的效能和费用，评估各备选方案优劣。装备效能－费用分析是从顶层上论证武器装备全寿命周期费用的科学性、合理性和可行性，是武器装备发展的决定性环节，在武器装备发展决策过程中具有重要的意义。

2.2.1 成本分析流程

一般而言，装备效能－费用分析在论证阶段由军方主导，起步于论证武器装备军事需求和关键技术，贯穿于武器装备研制全过程，止步于武器装备的退役阶段。武器装备效能－费用分析是在明确武器装备使命任务和目标的基础上，通过明确装备图像，确定武器装备基本方案，并对比相似和同类装备效能和费用，逐次迭代完成效能－费用分析。效能－费用分析的基本步骤如图 2－1 所示，各环节涉及的主要内容如下：

①军事需求。在军事战略方针指引下，明确武器装备发展的军事需求，包括安全形势与威胁、能力需求（能力现状与差距）、必要性等。

②明确使命任务和目标。按照装备定位，明确装备使命任务和目标，以及对武器装备作战使用条件等。

③装备图像。按照系统论方法，描述武器装备的组成、功能、性能、工作原理和作战使用流程等，研制的进度、经费和要求，以及武器装备使用年限、采购数量和使用条件。

④确定备选方案。按照装备图像构建多个武器系统的方案，包括主要武器系统组成、使用性能和主要战术技术指标、订购目标价格、使用和贮存年限、训练和作战保障条件等。

⑤效能－费用分析准则。确定效能－费用分析的评价准则，为后续进行评估提供依据。

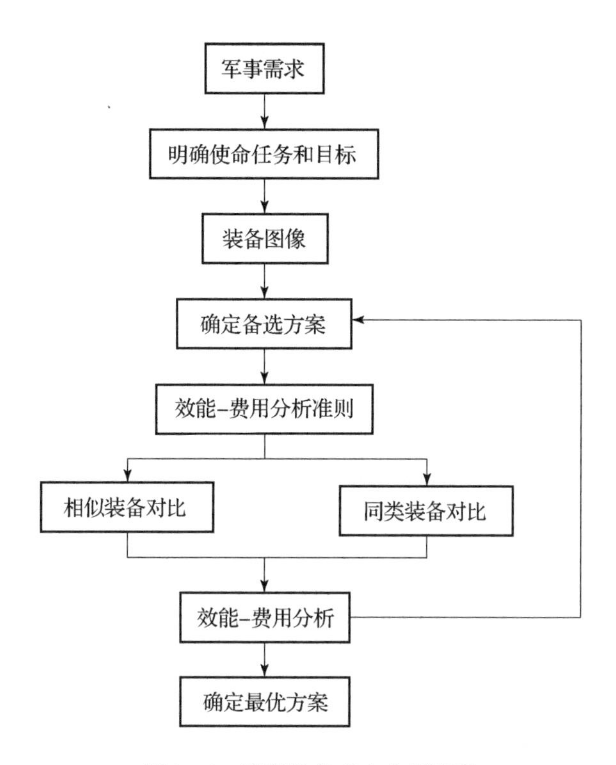

图 2-1　武器装备成本分析流程

⑥相似装备对比。主要是同大类装备的对比，比如火力打击装备中压制武器和精确面打击武器的对比、精确点打击武器和精确打击武器的对比等。

⑦同类装备对比。主要是同属性装备的对比，比如同类的制导炮弹、同类的导弹、同类的制导火箭弹等。

⑧效能-费用分析。选定科学、合理和适用的效能-费用评估方法，统筹对比分析相似装备、同类装备的效能-费用，为确定最优方案提供支撑。

⑨确定最优方案。按照效能-费用评估结果，在备选方案中确定最优方案，作为后续研制、生产、训练和作战的基础。

2.2.2　成本分析方法

武器装备效费比指的是武器装备效能和其寿命周期费用的比值，即

$$V = E/\mathrm{LCC} \tag{2.1.1}$$

式中，V 为效费比；E 为效能；LCC 为全寿命周期费用。

武器装备的效费比的含义是单位武器装备全寿命周期费用所获得的效能。效费比直接反映了国防资源的利用程度。鉴于武器装备效能和寿命周期费用均为综合性参数，并且均是影响武器装备发展的重要因素，统筹考虑两者关系，更符合武器装备发展方向，也有利于国防资源利用率的提高。武器装备效费比越高，国防资源的利用越高，武器装备的技术方案也就越高。武器装备效能－费用分析的目的就是追求更高的效费比。

针对式（2.1.1）引入效费比指数概念，并进行归一化处理，可将式（2.1.1）转化成

$$\begin{cases}\max M(V)=\dfrac{M(E)}{M(\mathrm{LCC})}\\ \mathrm{s.t.}\ M(E)\geqslant M(E_0)\\ M(\mathrm{LCC})\leqslant M(\mathrm{LCC}_0)\end{cases}\tag{2.1.2}$$

式中，$M(V)$为武器装备的效能指数；$M(E)$为归一化的装备效能，$M(E)=E/E_b$，E_b 为基准装备的效能；$M(\mathrm{LCC})$为归一化的全寿命周期费用，$M(\mathrm{LCC})=\mathrm{LCC}/\mathrm{LCC}_b$，$\mathrm{LCC}_b$ 为基准装备的全寿命周期费用；E_0 为武器装备效能规定的最低要求；LCC_0 为武器装备全寿命周期费用的最高限值。

建立上述模型的关键所在是确定武器装备的评价基准，基准方案应是具有代表性的典型方案，作为确定 E_b 和 LCC_b 的依据。

考虑到军事装备的特殊用途，在使用效费比分析方法进行权衡分析时，需根据实际情况进行具体分析。具体包括国情、军情、民情等，特别是对于现代武器装备而言，具有技术先进、组成复杂、功能全面、采购量相对较少等特点，在实际开展效费比分析过程中，应进行具体优化处理。

2.3 战术导弹全寿命周期成本分析

某型导弹武器系统全寿命周期内，其论证费用、研制费用、采购费用、训练使用与保障费用分别占全寿命周期费用的 0.04%、2.44%、88.8%、8.71% 和 0%。其论证费用和研制费用比例较小，其采购费用占了绝大部分全寿命周期费用，考虑到战术导弹均实现贮存期内免维护，因此，其退役费用基本为零。由战

术导弹全寿命周期各阶段费用所占比例可以看出，论证费用和研制费用偏低，采购费用所占比例过高。

2. 3. 1　论证费用分析

综合各类型导弹的论证费用，可以看出，尽管战术导弹在早期所需要的论证费用较少，但早期活动却决定了武器系统的绝大部分全寿命费用。在当前阶段，相对武器装备全寿命周期费用而言，战术导弹武器系统项目论证阶段所消耗费用几乎可以忽略不计。比如说，为开展某型战术导弹武器系统立项研制，上级批复的立项综合论证研究费用可能为几万至几百万元，主要用于开展武器系统军事需求、总体技术方案、关键技术、研制和采购等相关研究内容，但相对于几亿至几十亿的研制费用，以至于几十亿至几百亿元的装备采购费用而言，论证费用几乎可以忽略不计。通过对多个型号的综合研究得出，论证费用一般占全寿命周期费用比例不会超过总费用的 1%，但对导弹武器全寿命周期费用的影响却高达 80%，极大地影响装备研制、采购、训练使用和保障费。美军某型导弹武器系统全寿命周期费用比例及全寿命成本影响如图 2－2 所示。

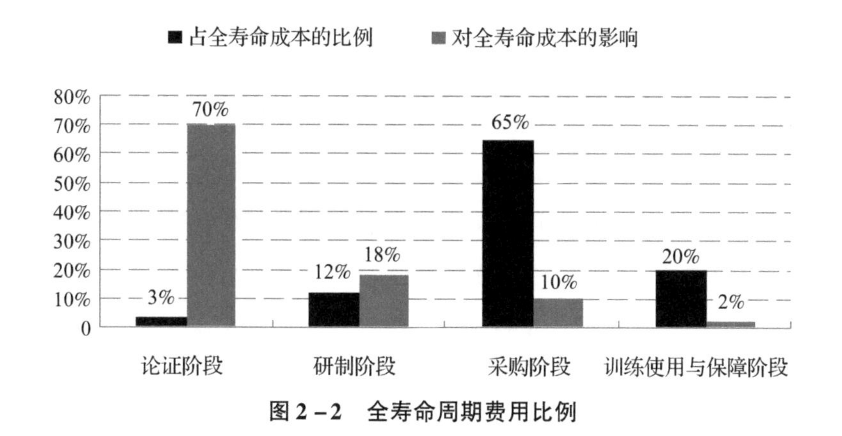

图 2－2　全寿命周期费用比例

鉴于论证费用的重要性级别最高，并且论证阶段成果将极大影响其余各阶段费用，因此，在武器装备发展初期，谨慎、全面和充分地开展论证工作是非常必要的。在经费、时间和条件等方面给予论证工作充分的支持是做好论证工作的基础，是控制武器装备全寿命周期费用的基础。

在武器装备发展初期，论证费用主要由以下各方面费用组成。

1. 军事需求论证费用

军事需求是武器装备发展的牵引，是武器装备论证工作的“起点”，只有科学、充分、准确、翔实地把握军事需求，才能正确地牵引武器装备发展，为科学决策提供依据，否则，将会给武器装备发展带来挫折，并将导致国家资源的极大浪费。美国军事专家 Boar 曾经指出：武器系统问题的 20%~40% 发生在装备研制过程中，而 60%~80% 的问题可以追溯到军事需求论证阶段，缺乏科学有效的军事需求论证的武器装备只能满足设计要求，而不能满足战场上作战运用需求。武器装备需求论证是关于决策科学性和必要性、决策目标的研究活动，涉及战略形势、威胁环境、战争形态和作战任务等多个方面，论证研究工作具有站位层次高、研究内容丰富、不确定因素多等特点，因而需要运用科学的理论、方法和技术指导和支撑论证工作。

当前阶段，限于武器装备发展水平，军事需求工作凭经验、凭感觉、凭主观等现象普遍存在，而数据积累、经费和时间不充分等问题突出，由此导致军事需求论证结果偏离军事需求。军事需求论证费用主要涉及军事需求分析条件建设费用、军事需求分析人力资源费用和威胁对手情报支出费用等，具体如下：

(1) 军事需求论证条件建设费用

军事需求论证条件费用包括硬件和软件条件建设费用，主要用于评估军事需求的科学性和合理性。具体而言，主要包括以下三个方面费用项目：

一是军事需求数据建设费用。军事需求数据是支撑军事需求研究的基础，是开展军事需求研究的必要条件。从军事系统工程学角度看，军事需求数据内容非常丰富。一般而言，包含军事战略需求、作战需求、装备体系能力需求和装备型号需求分析等多个层次。具体如下：

军事战略需求包括战略环境分析、威胁对手分析和基本使命分析三个方面。战略环境包括军事技术、军事力量对比等数据，基本使命包括战略目标、战略任务、战略方针、战略手段等数据。

作战需求包括作战环境、作战样式、作战任务三个方面。作战环境分析包括军事环境、自然环境、战场环境等，具体包括地形、水文、气象、资源和时空等，以及物资、技术、信息资源，并包括电磁环境等；作战样式分析包括作战力量体系组成及结构、作战方式及过程、作战指挥与控制等；作战任务分析包括作战分类及层次关系、作战任务排序、对象及目标、行动类型及重点、效果要求及指标等，具体明确各作战任务的主要目的、选定作战目标、所采取的作战行动、作战手段和基本战法等。上述所有基础数据是科学开展军事需求论证的依据。军事需求论证条件建设费用主要为采集与处理、管理与存储上述数据所支出的费用。

二是威胁对手情报建设费用。威胁对手情报主要包括数据类型情报和实体类情报。其中，数据类情报包括作战对手的作战任务、基本原则、作战样机与类型、兵力编成与配置、装备体系和武器装备性能等数据。实体类情报包括威胁对手实际装备等。威胁对手情报是确保军事需求论证结果准确性的基础。在基于威胁的装备论证原则下，威胁对手情报费用主要用于支撑威胁对手各种情报信息的获取与处理、管理与存储上述数据所支出的费用，以及购买威胁对手的实体类情报，比如：通过武器装备监听、搜集、购买威胁对手各类情报的费用，以及通过第三方购买威胁对手武器装备等费用。

三是评估系统建设费用。军事需求评估内容包括军事需求、能力需求、需求方案、研制生产、作战使用等。评估系统主要用于评估上述内容，主要工作是依据相关法律法规程序，运用科学的方法和技术，基于理论、实践上具备的基础和人、财、物及相关配套系统等条件，对各个层次各项需求的有效性和合理性进行分析、评估，其目的是降低风险和费用，并为决策提供依据。评估系统建设费用包括硬件和软件建设费用，具体而言，主要包括为验证实际装备的作战能力所需的靶场建设的试验鉴定条件费用，以及为评估军事需求而专门开发的软件评估系统的建设费用等。

（2）军事需求论证人力资源队伍建设费用

军事需求论证内容广泛，涉及专业面广，为保障需求论证工作科学、合理开展，急需通过多种手段加快建设涉及业务、技术、专家、试验等各类专业人力资源队伍，从根本上提升军事需求论证水平。

一是以军方为主的论证队伍。鉴于工业部门本身追求利益最大化的初衷，在武器装备论证过程中，尤其是在武器装备总体技术方案、研制经费和订购目标价格论证过程中，必须始终贯彻以军方为主、工业部门为辅的论证原则，军方可部分依托一家或多家工业部门共同开展论证，否则，极易导致武器装备论证工作失去正确方向，最终损害军方利益。当前，考虑到军方论证队伍建设尚未成规模，承担型号研制、预先研究、重大专项等论证任务能力有待进一步提高的现状，部分预先研究和重大专项等论证任务依托工业部门开展，或者以工业部门论证为主的案例还不时出现，此类任务或多或少出现了经费需求过大、指标偏离需求和验收标准模糊等问题，也直接导致了军费资源利用率偏低。

二是专业化的论证队伍。装备论证需要对一型或一类，甚至多类装备的军事需求、研制必要性、战术技术指标、总体方案、作战运用进行科学、系统和全面的论证研究，为科学决策提供支撑。装备论证工作者既需要对部队建设如数家珍，又需要对装备技术了如指掌。装备论证单位是工业部门和作战部队之间的桥梁，装备论证工作是将工业部门的技术成果转化为部队战斗力不可或缺的重要环节。在实际装备论证工作中，论证人员的业务水平决定了能否将军队有限经费最大化地转化为军事效益，能否将工业部门技术成果最大化地转化为装备性能和使用指标，并最终转化为部队战斗力。由此可见，建设精通武器装备发展过程中各个领域、各个专业和各方面知识的专门论证队伍是极其重要的。专业论证队伍的建设需要专业的人才，而专业人才队伍需要专业的人才队伍建设费用支撑，该项费用主要涉及人才引进和维持、人才培养和发展等方面。

2. 战技指标论证费用

武器装备论证的逻辑链路是军事需求通过能力需求体现的，而能力需求通过战术技术指标体系体现，战术技术指标体系通过武器装备技术方案体现，并通过技术方案影响成本。因此，战术技术指标体系的科学性、合理性、全面性和可考核性是影响武器装备论证成败和装备效能－费用的关键因素。

战术技术指标论证费用包括指标体系验证条件建设费用、指标合理性验证费用和指标考核可行性验证费用等。指标体系验证条件建设费用主要用于满足军事需求中能力需求的要求，武器装备指标体系应与能力需求建立相对应的映射关系。为确保武器装备型号研制真正满足军事需求，武器装备指标体系需要通过仿真、外场试验等措施进行验证，验证条件的建设是武器装备发展必要的支出项目。当前，国内外在武器装备发展过程中，许多型号在设计定型后或多或少出现“不管用、不好用、不耐用”的问题，追根溯源，问题出在论证阶段战术技术指标不合理、不全面和不科学，不能准确反映能力需求。比如，国内外很多型号在抗干扰性、环境适应性等方面均出现过很多问题，其原因就在于论证确定指标体系，缺乏科学、合理和全面的验证，导致型号设计定型后，不能满足军事需求，仍旧需要进行进一步改进提升，从而给军方带来很大的资源浪费。比如：在 2018 年 4 月，美国出售给乌克兰的一批“标枪”反坦克导弹在使用过程中，出现过因发动机达不到规定使用寿命期限，造成发射失败等故障。

3. 技术方案论证费用

武器装备在论证过程中的技术方案论证费用包括技术方案研究费用、仿真验证费用和对比分析费用等。为完成某一确定使命任务，武器装备可能会出现多种技术方案，每一种技术方案各有优劣，如何评估出最优的技术方案是装备论证单位必须要重视的问题。最优方案的确定原则是：在国家和军队的经济实力、军人素质、安全环境、能力需求等确定约束条件下，综合考虑装备体系现状、编制体制、作战能力、目标特征、作战环境等要素，以效能费用最优为目标，以多轮迭代论证为方法，以外场和仿真试验验证为手段，对比分析各种技术方案，达到确定最优技术方案的目标。技术方案论证包含装备类型、装备总体技术、装备分系统和部组件技术方案等。其中，装备类型方案是指对于相似类装备而言，比如同属火力打击装备，制导火箭和战术导弹在成本、打击目标、作战能力等方面存在差别，由此将产生不同效能 – 费用；装备总体技术方案是对于同类装备而言，不同技术方案将产生不同效能 – 费用。比如，对于反坦克导弹而言，截至目前，共发展出三代反坦克导弹，各代导弹的特点不同，具体如下：①第 1 代反坦克导弹。以苏联的“赛格”反坦克导弹为代表，其技术特点是：三点法制导、射手瞄准跟踪目标、手动操纵导弹、分离架式发射、导弹需要组装与展开、单级破甲战斗部、平直攻击弹道。其使用特点是：射手瞄准目标的同时，还要观察和操纵飞行中的导弹，射手负担重；展开、连接制导装置与发射架的过程复杂，反应时间长，作战形式适应能力弱；阵地面积较大，选择阵地难度较高、战场生存能力较低；单级破甲战斗部难以摧毁披挂反应装甲的主战坦克；仅具平直攻击弹道，威力有限，目标适应能力弱。②第 2 代反坦克导弹。以美国“陶”反坦克导弹为代表，采用红外测角、有线指令传输，实现了三点法半自动制导，其弹道为平直攻击弹道，早期还采用单级破甲战斗部，后来采用串联破甲战斗部，相比于“赛格”导弹，“陶”导弹在射击过程中射手只瞄准跟踪目标，不再观察操纵导弹；将发射装置与制导装置组合在一起，导弹成为筒装导弹，减少了反应时间，减小了阵地面积。③第 3 代反坦克导弹。以美国的“标枪”反坦克导弹为代表，其技术特点是：红外图像寻的制导、发射前锁定目标、发射后导弹自动制导、肩扛式发射、筒装导弹、串联破甲战斗部、曲射攻顶弹道与平直攻击弹道兼备。其使用特点是：发射前锁定，发射后不管，射手射后即可迅速转移阵地，提高了兵组生存能力；采用肩扛筒式发射，展开、装填简单，反应时间短；由于制导装置与发射装置集成在一起，所以发射阵地易于选择、战场生存能力强；由于发射初速低，实现了有限空间发射，战场适应能力强；兼具两种弹道形式，既能够对装甲目标曲射攻顶，又能够平飞攻击坚固工事，目标适应性强。综合上述三代反坦克导弹的具体特点，可以看出，随着反坦克导弹代次的提升，导弹的智能化水平越来越高、威力越来越大、发射操作越来越简单，射手逐渐从复杂、危险的作战环境中解脱出来，生存能力越来越高，但导弹的采购价格越来越高，第 1 代反坦克导弹采购普遍在 10 万元左右，第 2 代反坦克导弹价格在 20 万元左右，第 3 代反坦克导弹价格为 30 万~40 万元，由此可见，对于不同国家、不同军队而言，应根据自身实际的经济实力、安全环境、威胁目标等情况，选择不同的反坦克导弹，以达到效能 - 费用最佳的目的，这也是当前国际军贸市场各代次反坦克导弹均有用户的根本原因。

2.3.2 研制经费和订购目标价格论证费用

在论证中以装备的经济特性为核心，运用技术经济分析方法对装备订购目标价格方案及其影响因素进行系统性综合分析、评价、择优。根据技术经济学的原理，着重分析装备的经济可行性和武器装备发展项目的投资强度，并进行装备费用 - 效能评估等，进而形成目标价格最优方案。

该类分析方法主要包括项目投资分析法、寿命周期费用评估或费用 - 效能分析方法和价值工程分析方法等，主要运用费用 - 效能分析方法。费用 - 效能是使用能力的一种度量，它是寿命周期费用的函数。

1. 费用－效能分析方法

费用－效能分析方法是通过确定目标、建立备选方案、从费用和效能两方面综合评价各方案的过程。

一是当装备的多种实现方案对科研、维护使用、退役处置阶段的费用没有明显差异时，在使用费用－效能分析时，费用通常重点考虑购置价格的影响。

二是武器装备的效能是指在特定的条件下，武器系统被用来执行规定的作战使用任务时，所能达到的预期目标的程度。在武器装备的论证中，可将武器系统的效能分为三类：一是单项效能，是指运用武器系统时，达到单一使用目标的程度，如防空武器系统的射击效能、探测效能、指挥控制通信效能等。单项效能对应的作战行动是目标单一的行动，如侦察、干扰、射击等火力运用与火力保障中的各个基本环节。二是系统效能，又称综合效能。是指武器系统在一定条件下，满足一组特定任务要求的可能程度。它是对武器系统效能的综合评价。系统效能是在装备综合论证时主要考虑的效能参数。三是作战效能，是指在规定的作战环境条件下，运用武器系统及其相应的兵力执行规定的作战任务时，所能达到预期目标的程度。此时，执行作战任务应覆盖武器系统在实际作战中可能承担的各种主要作战任务，并且涉及整个作战过程。

三是效能分析通常包括三个基本内容：首先是定义装备系统效能的参数，并选择合理的效能指标；其次是根据给定的条件，计算效能指标的值；最后是进行多指标效能的综合评价，即由诸效能参数的指标值求出效能综合评价。

四是在装备寿命周期各阶段，当达到规定的目标存在多种实现方案，并且方案的选择需要考虑各方案的费用和效能时，就可采用此方法（某个实现方案也可用同类现有装备代替，有助于分析论证装备的目标价格情况）。

五是费用－效能分析方法可应用于装备系统各个功能层次的各类需决策的问题。这些层次有系统、分系统、设备、部件等。

六是分析的详细程度取决于：装备复杂、重要程度和决策需求；进行分析所具备的条件，如数据、模型等；装备所处的寿命周期阶段等。

七是装备费用－效能分析评价决策一般有三种简单的准则：一是等费用准则，在满足给定费用约束的条件下，使方案的效能最大；二是等效能准则，在满足给定效能约束的条件下，使方案的费用最小；三是效费比准则，使方案的效能与所需费用之比最大。等费用准则和等效能准则是常用的准则。如果不能采用上述三项准则判断，可视具体装备实际背景选择一个合适的多准则决策方法，但该方法应当是公认合理的，并应经装备主管部门认可。

2. 目标价格对比分析

（1）与国内装备类比

①简要描述类比装备情况，说明作为类比基准的合理性。

②给出类比装备的定价情况，并考虑单机价格内容的差异和币值年份的影响，如类比装备尚未定价，也可采用已批准的目标价格数据。

③对比分析两型装备在技术、结构、性能上的差异点，给出可能导致的价格差异。

④给出总体的对比结论与原因分析。

（2）与国外同类装备类比

①简要描述类比装备情况，说明作为类比基准的合理性。

②给出类比装备的定价情况，并考虑国内外对于单机价格内容的差异和币值年份的影响。

③简要对比两型装备在技术、结构、性能上的差异点，给出可能导致的价格差异。

④综合采用购买力平价法和汇率转换，给出两型装备价格对比结论。

（3）关键因素和敏感性分析

①影响订购目标价格关键因素分析。结合初步形成的订购目标价格方案，在对全系统进行技术经济、效能 – 费用分析的基础上，确定寿命周期费用关键因素、费用风险项目及费用效能变化因素。对测算分解结构中所占成本比例较高的部组件和采用新技术、新材料、新工艺的关键件，分析技术实现与费用变动的关系。

②敏感性分析。结合研制周期、生产要素、物价水平、系统订购配置、批产量等因素变化分析，测算对订购目标价格方案的影响程度，使之满足订购目标价格精度要求。

（4）形成订购目标价格方案

在装备论证备选的订购目标价格方案的基础上，运用费用 – 效能分析方法对备选方案进行综合研究、分析、评价、择优，对主要影响费用和效能因素修正迭代，选择效能与费用最佳的方案，形成装备研制立项综合论证订购目标价格方案。

（5）订购目标价格方案实现策略

按照分类、分层、分阶段竞争和一体化采购的要求，针对不同的采购方式采取不同的定价模式。对垄断类装备单元，继续以国家定价管理为主，由政府定价改为政府指导价，允许供需双方在规定的价格浮动幅度内，协商确定价格；对有限竞争类装备单元，制定最高限价，供需双方在最高限价范围内竞争谈判定价；对充分竞争类武器装备，实行公开招标、询价采购，由市场竞争形成价格。通过分析研判，提出研制工作规范和要求，对订购目标价格进行细化分解，开展价值工程和限价设计工作，把实现订购目标价格指标和要求落实到合同中，保证装备订购目标价格的实现。

2.3.3　采购、训练和保障论证费用

1. 采购费用分析

以表 2－1 某型战术导弹为例，该型武器装备的订购费用最多，占全寿命周期费用比例为 88.81%，由此可见，装备订购的价格和数量决定了订购费用多少，因此，应充分研究影响订购目标价格的各种因素，最大限度发挥武器装备订购经费的军事和经济效益。

根据装备建设规划计划、装备体制编配、经费规模、目标价格、批产数量、时间和可用装备购置经费预测，给出该型装备经费可承受能力的过程，通常用于批产数量较大、单价较高的装备，其他批量小、单价较低的装备可根据实际情况剪裁。

①以当年已发布的国内生产总值（GDP）为基准，采用国家权威机构发布的 GDP 增长率预测批产年份的国内生产总值。

②采用近年来军费、装备费、装备购置费与国内生产总值的比值，预测批产年份的可用装备购置经费。

③根据编配设想，当有列装剖面时，按列装剖面采用目标价格、价格区间计算该型装备购置费用与可用装备购置经费的比例关系；当没有列装剖面时，可根据承制单位提供的年批产能力进行测算。

④根据建立模型进行测算，给出经费可承受能力的分析结论。

2. 训练使用与保障费用分析

相比于战略战役导弹，战术导弹数量庞大，性能较先进，结构简单，为了最大限度减少战术导弹维护保障费用，在明确库房要求的条件下，战术导弹在贮存周期内基本免维护，其费用仅包括包装、库房建设和维护费用。比如：某型反坦克导弹贮存期指标如下：标准军用仓库条件下，贮存期不少于 10 年，并明确要求贮存期内筒装导弹应免于维护、检测和标定。

3. 退役费用分析

通常，战术导弹在采购过程中，按照采购量、储备量、训练消耗量三者相匹配原则进行订购、训练和储备，一般不做退役处理，故退役费用基本为零。

2.4 加强全寿命周期成本控制措施

随着武器装备作战性能提升和持续的升级换代，世界各国精确制导武器在装备体系中的地位和比重逐步提高，精确制导武器高价值性决定了其研制和订购费用持续增大。目前，在弹药领域，世界各军事大国绝大多数的研制经费和订购经费均投入了精确制导弹药领域，且经费总额不断攀升，给各国经济造成了巨大的影响。尤其在未来面对大规模作战条件下，精确制导弹药将会大规模投入使用，必将大量消耗军费，给国家和军队造成巨大的负担。比如：2022 年开始的俄乌冲突中，俄罗斯先期精确火力打击效果不明显的根本原因就是其国力有限，无法支撑大规模使用巡航导弹、弹道导弹和高超声速导弹等远程精确火力打击装备，此问题也间接提醒了武器装备发展必须基于国家经济实力等实际状态，“研得出、用得起”的问题始终存在。图 2－3 所示为精确制导弹药成本控制及优化路径和时序逻辑关系图。

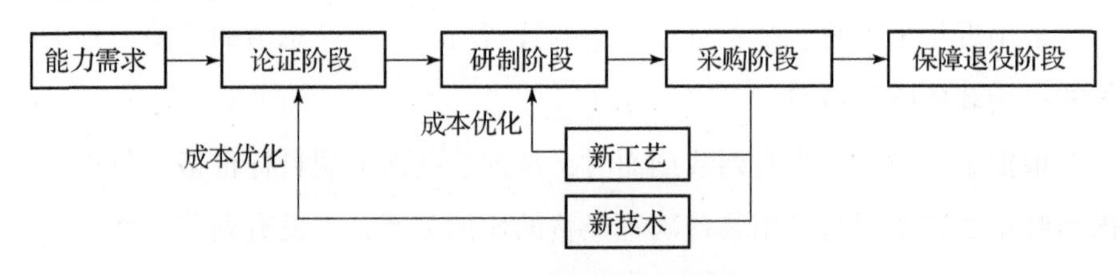

图 2－3 成本控制及优化流程图

基于全寿命周期费用分析结果，对照当前全寿命周期成本现状，加强全生命周期成本控制的措施如下。

2.4.1　论证阶段

由前述可见，论证阶段是战术导弹成本确定的关键阶段，论证阶段形成的战术导弹的能力、战技指标和总体技术方案等直接决定了战术导弹设计、研制经费和采购成本，以及加工制造工艺等。战术导弹在论证阶段成本构成的主体是论证方和成本监管方。主要措施包括以下几个方面：

1. 加强成本控制意识培塑

（1）加强低成本发展的战略设计

战略设计是战略管理的基础和核心，是装备发展的灵魂和主线，也是战略实施和战略评估的基础。低成本是设计出来的，只有强化战略设计，才能确保装备建设从源头开始，沿着低成本发展路径走下去。

一是需求论证关注装备经济性。需求论证必须关注经济性分析。要做好战略设计，首先要明确装备需求。相关装备政策制度明确：装备需求应根据作战需求、技术发展趋势和成熟度、保障可能性等因素论证提出。这就需要在需求论证时，从作战效能、战技性能、技术成熟度与经济指标结合的角度，进行经济可行性分析，预测装备项目总经费，以及科研、订购、维修等各阶段所需的经费投入，分析项目是否满足装备建设规划和部队装备的需求，以此来指导精确制导弹药设计、研制和生产，实现有效控制研制生产成本，避免项目启动后无法在未来预算里完成采购，并得到有效保障。

二是发展规划中关注经济可行性。发展规划要考虑经济可行性。发展规划是筹划和指导装备建设的纲领，是装备建设的顶层设计。拟制发展规划，应综合考虑火力打击力量的使命任务和装备建设的基础现状、经济可行以及技术支撑条件，努力做到以既定投入获得最大战略回报和平衡局部利益谋求全局最优，确保在资源约束条件下，使装备建设始终处于有序运行、受控运转的良性循环状态，确保装备建设始终走在正确轨道上。在规划路径上，只要能达成预期目的，坚持“能用不改”“能改不研”的原则，能发展低成本的装备就不发展高成本的装备，能改进的就不新研，能用软件的就不通过发展新硬件平台来提高装备效能。

三是规划落实中要优化经费投向投量。规划是对未来的设计。一方面，投向投量要突出重点，研究分析各型装备、进攻型和防御型装备投向投量的效费比，避免把有限的资源过多地投入对强敌威胁不大的项目上；另一方面，应统筹装备建设需求与经费保障可能，既不能为了追求高精尖、盲目上项目而忽略了经费“总盘子”，也不能囿于经费保障而以牺牲战斗力为代价、搞“看钱点菜”，应加强纵向衔接和横向协调，力争实现计划和预算的总体平衡。

（2）加强低成本论证的意识培塑

当前，在低成本论证的过程中，受高技术性、保密性和非市场化性等限制，战术导弹发展过程中更多地关注技术成熟度和可行性，常常忽略经济性，导致“研得出、买不起、用不起”等问题频发。基于此，在论证过程中，应强化低成本发展理念和意识的培塑。

一是强化责任和担当意识。在论证过程中，相关论证单位及人员贯彻低成本发展理念有待进一步强化，部分论证人员责任和担当意识不强，片面认为研制经费和目标价格控制属于承研承制单位和价格管理部门，论证单位和人员无须论证成本，忽视了能力需求→战技指标和使用性能→总体方案→研制经费和目标价格等相互之间的逻辑关系，对研制经费和目标价格的形成源头缺乏科学认识，对控制成本的责任认识不清。另外，由于成本直接关系到承研承制单位的经济效益，承研承制单位通过各种方式维护其经济效益，导致部分论证人员缺乏与承研承制单位开展成本议价的担当精神，在总体方案和直接成本方面，缺乏有效控制，最终导致低成本化理念落实困难。

二是关联总体方案和成本控制。在发展过程中，能力需求、战技指标和使用性能满足作战需求的必要条件的属性是唯一的。但在战技指标与总体方案的相互映射关系方面，却不是唯一的，即一种战技指标体系可能映射多种总体方案。基于此，对于论证人员而言，总体方案论证必须与成本控制相关联，并充分考虑总体方案的经济性，对每一种可能的总体方案开展经济性对比分析，努力克服传统的“仅关注方案可行性，不关注经济可行性”的论证思维，努力做到总体方案和成本控制的平衡。

三是平衡指标先进性和装备经济性。追求指标先进性是发展精确制导弹药的重要因素，战技指标直接体现作战效能，是武器装备作战能力的外在表现。因此，论证人员高度重视战技指标先进性，努力做到在指标方面领先于对手。基于此，在战术导弹发展过程中，论证人员极易片面追求指标先进性，忽略经济性，“只关注指标先进性，不关注批量采购性”，从而造成指标先进性和装备经济型失衡，是造成“研得出、买不起”的原因之一。

（3）提升成本控制能力

成本控制能力水平的高低直接影响精确制导弹药全寿命周期费用，成本控制能力的发挥贯穿于战术导弹论证全过程，是装备论证人员必须具备的能力之一。具体表现是：

①作战效能经济性评价能力。

一直以来，考虑到国家经济和技术实力现实条件，我国精确制导弹药的发展解决了“有与无”的问题，基本填补了各类型的空白。随着国家武器装备发展水平的不断提高，武器装备发展呈现“井喷”现象，同领域、同性能、同编制的类似装备大量出现，能够完成相同作战任务的战术导弹或类似装备不断涌现。比如：能够遂行攻坚破甲任务的装备包括战术导弹、攻坚破甲火箭、攻坚破甲巡飞弹、制导火箭弹、制导炮弹等，但上述装备在遂行作战任务过程中，作战效能千差万别，因此，为了最大限度提升作战效能，需要在经济性约束条件下，综合评价不同装备作战效能，由此要求论证人员必须具备综合作战效能评估的能力。

精确制导弹药作战效能具有综合性、体系性等特点，无法简单地通过战技指标、使用要求、采购价格等要素进行直接对比分析，需要综合目标特征、战场环境、性能和战术原则等要素，通过建立作战效能评估模型和数学仿真、外场试验评估等手段，达到科学评估作战效能目的。论证人员应具备装备综合作战能力的要素分解、对比分析、综合研究、作战成本等能力。

②战技指标经济性转化能力。

战技指标是体现作战能力高低的重要表现形式之一，战技指标直接影响了总体方案，并间接影响了经济性。一直以来，论证人员在论证战技指标过程中，过度关注部分战技指标的先进性，忽略了战技指标体系的综合平衡性、战技指标体系与经济性的平衡性等，战技指标与经济性的转化能力较弱，无法实现战技指标体系的经济性最大化。

战技指标体系的综合平衡性要求论证人员应综合考虑精确制导弹药的制导体制、精度、射程和威力等关键指标，并兼顾高原、热区、寒区等特殊环境要求，力避普适性低，并且对经济性影响较大的指标要求。另外，论证人员应充分认清武器装备个性化需求和共性化发展的矛盾，并结合型号发展实际，力争克服或弱化矛盾。比如：在渡海登岛作战中，高原、高寒指标是否需要问题。

③总体方案经济性评价能力。

论证任务基本由装备论证单位主责完成，在相关装备承研承制单位支撑下，开展战技指标体系、总体方案、研制经费和目标价格论证。战术导弹论证人员多数未真正参与过研制过程，对总体方案、研制经费和目标价格等缺乏科学、合理和准确的认识。基于上述原因，在总体方案和研制经费等论证过程中，论证人员应充分发挥主观能动性，努力提升自身总体方案经济性评价能力，甄别总体方案与经济性的关联度，在充分考虑经济性的条件下，确保总体方案的最优化。

2. 改善论证基础设施条件

论证工作的基础设施建设是进一步做好论证工作，提高论证质量的必要条件，也是提高装备建设经济效益的必要手段。

(1) 丰富作战评估手段

在作战评估手段方面，多数情况下依托承研承制单位开展论证工作，论证必备的软、硬件条件严重缺失，直接导致了装备论证质量不高，装备经济性不高。比如：美国陆军研究实验室在引领美国陆军力量和装备建设发展、体系评估、建设效益等方面发挥了巨大的作用，建成了丰富的评估、实物和半实物，以及数学仿真设施，为装备论证和研究人员创造了优越的研究条件，支撑了美军陆军的高效可持续发展。

(2) 加快数据库建设进度

高质量高效益的论证需要大量的数据、模型等支撑，尤其对于辅助判别承研承制单位提交的各类数据、模型和结果而言，前期积累的大量数据和模型是重要的判别依据。尤其在零部件采购价格、工艺工时消耗量、检验验收策略等方面，直接影响新装备的经济性。基于上述原因，装备建设主管部门应联合相关论证单位，加快装备价格数据库、装备加工工艺数据库、装备生产过程数据库等专项工程建设步伐，为论证人员更科学、更准确、更高效地开展装备论证工作提供支撑。

3. 完善论证管理措施

高效的管理措施是高质量论证的保证。

(1) 加强队伍建设与管理

装备经济性论证问题的症结在于装备论证与价格审查人员专业独立，装备论证队伍中“缺少既懂技术又懂财务、既懂设计又懂成本”的复合型专业技术人员，在装备论证过程中缺乏经济性指导，而在装备价格审查过程中缺乏技术性支撑，从而造成装备论证与装备价格审查“两张皮”，无法实现高质量论证和审查。基于此，装备主管部门应加强专业化的论证队伍建设和管理，努力融会贯通装备技术和装备价格，积极培养既懂技术又懂价格的复合型论证人员，从而从源头上解决装备高质量、高效益发展问题。

(2) 完善成本审查和核实制度

成本审查和核实是确定装备价格的最后一道关，在装备价格形成过程中属至关重要的环节，完善成本审查和核实制度，加强成本审核是把好最后一道关的关键所在。比如：在装备总体方案、价格形成策略等方面，限于周期较大，论证人员无法大范围展开论证、测算、评估和校核，同时，由于论证人员在成本论证方面能力限制，也无法有效地展开核实，从而造成装备发展经济性严重受限。基于此，应依据装备发展战略和规划，开展装备论证任务，便于论证人员科学、准确评估战技指标、总体方案和经济性水平，为装备的成本审查和核实奠定基础。

2.4.2 研制阶段

研制阶段是精确制导弹药成本形成的关键环节，在全寿命周期成本过程中起到承上启下的作用，其研制依据是论证阶段形成的战技指标和使用性能，以及总体技术方案。研制阶段固化的技术状态是采购成本构成的依据。在研制阶段，成本构成主体是承研承制方及军方质量和成本监管方。在研制阶段，成本控制应强化以下措施：

1. 加强顶层规划设计

目前，在装备管理体例中，每个新型号均按照独立模式、独立流程、独立经费完成研制过程，各型号之间缺乏相互联系，各型精确制导弹药、各研制单位均研发各个型号，涉及的技术体系、标准规范、条件建设等相对独立、相对封闭，装备同质化竞争非常严重，很大程度上存在资源重复投入、技术攻关低水平重复等问题。

2. 总师系统成本控制意识不足

一般而言，在研制过程中，对于总设计师组而言，其关注点始终在于总体方案的技术可行性和研制进度，尤其在某些重点型号研制过程中，上级主管部门通常要求研制进度“后墙不倒”，总设计师组通常为了满足技术可行性和研制进度要求，在技术方案方面“不计代价”，不考虑成本因素，由此导致很多型号研制结果是“超概算、超价格”，最终导致“买不起、用不起”。

随着武器装备竞争性采购各项制度的不断出台，为了保证自研装备的竞争力，总师系统在平衡总体方案、研制进度和目标价格等方面的要求不断提高，总设计组必须充分提升装备成本意识培塑，充分评估总体方案的经济性，高度重视原材料、元器件的成本和性能平衡，并紧前考虑各型号零部件的工艺，为装备低成本化生产奠定基础，实现装备高质量、高效益发展。

3. 加强低成本技术转化

当前，社会和技术水平正处于高速发展时期，各类型新材料、新器件、新技术、新工艺正不断涌现，为低成本化提供了良好的条件。成本通常与更改技术方案设计的幅度和时机有关，基于此，在研制过程中，努力克服过度追求高性能指标和先进技术，力避设计与研制及生产脱节等问题，而应该在总体设计过程中，强化总体方案、进度和成本等对比分析，积极贯彻落实“三化”“数字孪生”等先进设计与制造思想，尽可能提前应用各类型新材料、新器件、新技术和新工艺等，从而最大可能降低因更改设计所引发的成本随更改幅度的增大呈指数增长。一般而言，在早期更改设计较为容易，投入也较少，随着时间的推移，更改设计会越来越难，引发的成本也会成倍增长。

4. 加强各阶段的成本管控

对于装备管理人员而言，提高装备成本意识的重视程度，引导研制人员树立低成本发展理念。在装备研制管理过程中，加强各阶段的成本管控，将成本作为核心指标，突出抓好技术方案和成本方案及节点考核，及时纠治成本中不合理部分，做到奖惩结合，克服成本管理流于形式的问题。主要从以下几个方面入手：一是以军方为主体的价格、方案和工艺的监管，将成本管控纳入装备质量监管范围，强化承研承制单位总体方案、原材料和元器件采购、加工工艺工时核算等环节把关，切实做到装备质量和效益的双监控；二是以装备建设主责单位为主体的最优化总体方案，将装备总体及各部组件技术方案和价格方案作为审查对象，由承研承制单位编制总体方案和成本构成最优化报告，邀请行业领域内技术和价格专家，共同审核最优化方案报告，并提出针对性修改意见，由装备管理单位督促承研承制单位整改。

2.4.3　采购阶段

装备采购经费是装备全寿命周期费用的核心环节，精确制导弹药经济性的最终表现阶段。国内外实践证明，订购经费占全寿命周期费用的 95% 左右。在订购过程中，追求兼顾远中近军事需求，既能以最低成本、最短周期形成装备战斗力，又能吸收最新技术使装备实战能力不断提高，是各国装备订购期望的目标。

1. 优化采购策略

长期以来，考虑到实际安全形势和作战任务、实际训练需求等因素，对于精确制导弹药而言，我军实行的是固定技术状态和固定价格的小批量采购策略，从而造成采购价格高、验收消耗大、生产保障难度大等问题，直接导致采购经费效益有限。借鉴国外先进采购策略，尤其消耗量大的装备订购过程中，订购策略应随着装备技术成熟度和可靠性等因素变化而动态调整，最大限度减少技术和可靠性不稳定导致的技术和经费风险。比如：在装备订购过程中，考虑到新装备可能存在的技术和质量风险，初期可采取小批量订购策略，待部队充分使用和质量稳定后，再大批量订购，可降低装备经费投资风险。另外，在装备订购过程中，为了保持技术先进性，可增大新装备研制力度，不订购或小批量订购，战时能解决“用而没有”的问题，平时既能保持技术进步，又能降低经费需求，一举三得。

2. 优化订购价格确定方案

装备价格是影响、制约乃至左右装备建设整体效益的基础性、关键性要素。单件装备的成本决定单件装备的价格，单件装备的价格影响装备建设整体成本。应该把装备价格经济性摆在与装备性能先进性、质量可靠性同等重要的位置，围绕提高装备现代化建设质量效益，持续深化改革，构建新体制下以成本分析为基础、以市场为导向、以竞争为核心、以调控为手段、以监管为基础，装备价格全面管控体系。当前，单一来源采购仍是装备采购的主要方式。应持续推动装备价格机制改革，建立完善全程管控、激励约束议价和成本议价为主要方式的单一来源装备价格机制。一是探索需求导向定价模式。着眼于构建以军事需求为牵引、以体系贡献率和效能增长率为基准的“需求导向型”价格生成模式，在软件计价基于需求导向定价实践经验基础上，推动形成以研制立项和目标价格论证为载体的需求导向定价机制。二是优化订购价格审核评审。建立主要承制单位基本信息、承担装备任务和相关成本信息向价格审核机构的年度报送制度，明确报送范围和格式要求，作为制定价格审核标准和策略，开展价格对比分析的基础。创新价格调整机制，引导承制单位主动降价，对承制单位主动控制成本并提出降价的，对其实施激励约束议价，对主动控制成本部分给予一定比例激励，激发承制单位成本控制动力。强化价格方案评审审查，推动装备价格方案的科学性和合理性，有效控制装备价格水平。

3. 优化检验验收策略

实行大批量阶梯降价方案、调整验收策略。装备订购数量是影响订购成本高低的关键因素之一，在装备订购过程中，可实行大批量阶梯降价方案，同步调整装备组批和验收策略，减少检验验收消耗，最大限度为承制方降低生产成本创造条件。充分释放竞争择优红利。竞争是提高装备性能，降低成本的有效手段，也能够激发创新意识、提高装备质量，是提高装备订购效益的利器。在装备订购过程中，可按照装备研制的不同阶段，充分引入竞争机制，有利于降低技术风险，提高成本使用效率。

4. 突出竞争激励增效

解决价格问题的最终出路在于市场竞争。应完善以市场为导向，以竞争议价和征询议价为主要方式的装备采购价格机制，通过竞争促进企业降低成本和价格。一是推行分类、分层次和一体化竞争。以新立项装备研制项目为重点，探索建立总承包与分承包相结合的分类分层次竞争制度，装备综合论证报告应对装备总体、主要分系统、部件等开展竞争性采购的可行性进行综合评估，明确一体化竞争策略，军方按合同约定监督总承包单位开展对分承包项目的竞争择优，努力扩大竞争议价范围。二是落实竞争性采购负面清单制度。细化完善装备竞争性采购负面清单和竞争类装备产品目录，定期更新单一来源和竞争性采购范围，实行动态管理。三是优化竞争环境。优化制定装备招标管理、竞争失利补偿等管理规定，进一步规范竞争议价程序、评价方法和标准，杜绝虚假竞争、恶意竞争。四是精心制定竞争性采购价格控制方案。充分开展国内外、军民品以及历史价格的市场调研，开展综合对比分析，科学合理测算确定潜在承制单位最高报价，通过总价控制，推动提高竞争采购效益。

2.4.4　维护保障和退役阶段

精确制导弹药技术相对成熟，结构相对简单，编配范围广，订购数量大，决定了在维护保障和退役阶段，与战略战役导弹差异较大，通常要求贮存性免维护。当前，在维护保障和退役阶段，应加强以下工作：一是推行实装精练、模拟多练，开展装备整修延寿，延长装备使用寿命。二是实行基地级、部队级两级维修作业体系，实行分级分类管理，完善维修标准体系，引导社会优质资源参与装备维修保障，提高装备维修管理精细化水平。三是通过装备军援军贸、转改训练器材等方式，提高退役报废装备残值利用率。四是进一步提高贮存周期，简化维护保障过程和费用，减少退役报废费用等。

2.5　本章小结

本章主要对精确制导弹药全寿命周期成本分析方法进行介绍，主要包括成本分析流程和方法、全寿命周期成本分析、成本控制措施等。

第3章 精确制导弹药低成本化技术与方法

3.1 概述

第2章对精确制导弹药全寿命周期成本进行了分析，总结了全寿命周期成本控制的具体措施。本章从低成本化技术和方法维度，突破现有设计方法的束缚，以性能和成本作为双约束，以精确制导弹药方案设计作为降低成本的抓手，形成低成本设计技术方案、规范和技术能力，是践行低成本化的关键之一。

3.2 战术导弹组成及功能

综合考虑战术导弹结构布局和功能划分，整弹分为制导舱、毁伤舱和动力控制舱。其中，制导舱包含导引头、一体化飞控、前级战斗部、前级引信、1号热电池和2号热电池；毁伤舱包含主级引信和主级战斗部；动力控制舱包含固体火箭发动机和舵机执行机构。典型战术导弹系统组成如图3-1所示。

3.2.1 功能及性能

制导舱主要包括导引头、一体化飞控、1号热电池、2号热电池以及毁伤目标披挂反应装甲的前级战斗部和前级引信，构成了战术导弹的制导舱。

1. 导引头

导引头可接收从目标辐射/反射回来的信号，经放大和信号处理及计算，输

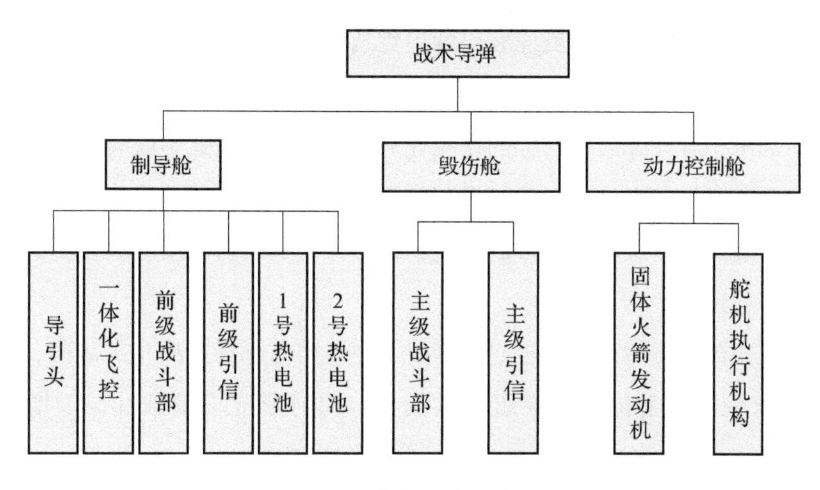

图3－1　战术导弹系统组成

出目标相对于导弹运动的体视线角。一体化飞控依据该信号和选定的导引律形成舵机控制指令，引导导弹飞行直至命中目标，并为引信工作提供触发信号。

2. 一体化飞控

一体化飞控是战术导弹飞行控制的核心部分，用于导弹的制导、导航与控制，包括任务综合管理、信息实时交互与处理、姿态测量与解算、飞行控制和电源综合管理。

在发射前，一体化飞控的主要功能是完成系统初始化、实时接收载机装定的诸元参数并上报导弹状态信息。

在方案飞行段，一体化飞控的主要功能是测量导弹倾斜、俯仰和偏航姿态角，按倾斜姿态稳定控制模型、俯仰和偏航姿态控制方案，计算出导弹的姿态控制等信息，形成舵机控制指令，控制导弹按方案弹道飞行。

在末制导段，一体化飞控的主要功能是给出导引头状态控制信号，接收到导引头捕获信号并形成舵机控制指令，控制导弹按比例导引规律飞行。

3. 热电池

热电池采用一次性化学能方案，在导弹离轨前通过电脉冲信号激活，通过化学反应产生稳定的直流电，可在发射后为弹上电子部件工作提供能源。

3.2.2　毁伤舱

毁伤舱主要包括主级战斗部和主级引信，属于精确制导弹药的作战任务载荷，用于有效毁伤带或不带反应装甲的坦克装甲车辆目标。

1. 战斗部

战斗部承担着导弹毁伤目标的作战任务，采用破－破式串联装药结构。导弹击中目标后，通过导引头前端的触发开关闭合提供起爆信号，控制前级引信起爆前级战斗部装药，前级药型罩形成射流，击穿导引头后引爆反应装甲，为主战斗部射流开辟通道。

前级战斗部起爆后，经一定时间延时，主级引信起爆主战斗部装药，主装药药型罩经压垮形成射流，击穿坦克主装甲，同时形成飞散破片，以增加毁伤效能。

2. 引信

引信是导弹全备战斗部的保险和引爆装置，包含前级引信和主级引信，保证导弹在运输、贮存、检测、装卸、机动和发射过程中的安全，并在规定的时域上可靠保险和解除保险，约束条件满足时可靠起爆战斗部；在保险解除后，同时具有落地炸功能。

3.2.3 动力控制舱

动力控制舱主要包括固体火箭发动机和舵机执行机构，为精确制导弹药飞行提供推力和气动控制力，同时，为弹上电子部件工作提供能源。

1. 固体火箭发动机

固体火箭发动机采用单室双推力长尾管固体火箭动力方案，通过钝感点火具点燃点火药，从而引燃主装药。推进剂在燃烧室内燃烧，产生高温、高压气体，将化学能转换为热能和压力势能，气体通过喷管膨胀加速喷出，将热能和压力势能转换为动能，从而为导弹发射和飞行提供动力。

2. 舵机执行机构

舵机执行机构由伺服电机、减速器和反馈电位器等组成，采用负反馈方案，根据舵控制脉宽调制信号，通过驱动器驱动电机运转，带动传动机构完成舵翼偏转，形成气动控制力。

3.3 低成本化总体思路

依据国内外低成本相关理念与技术现状，明确精确制导弹药低成本化总体思路如下：“以总代分、以简代繁、以优代高、以民代军、以软代硬、以新代旧、以多代单、以智代人。”严格从总体方案设计、元器件原材料选取、制造工艺革新、智能制造技术应用等多方面落实低成本实现途径，构建以成本为导向的全新研发与生产体系。

1. 以总代分

全面推进 IPT、总体多学科优化设计等先进技术应用，建立精确制导弹药部件功能耦合关系网络以及基于工程经验的成本 – 性能数学模型，依托多学科集成仿真系统开展设计迭代，提升总体 – 分系统 – 部件间的性能指标匹配度，降低分系统性能要求的同时实现总体设计方案性能优、成本低。

2. 以简代繁

加强对共性资源的综合集成化设计、功能单元的模块化设计和组合设计，实现整合系统资源、优化系统结构和提高系统效率；依托“标准化、模块化、通用化”准则实现简化设计，避免因烦琐设计而带来冗余成本。

3. 以优代高

随着电子技术的飞速发展和汽车工业、消费电子行业的带动，电子元器件的质量水平逐年提高。元器件筛选数据表明，传统低等级工业元器件在性能、成本、可靠性和大批量生产方面更具优势，为元器件“以优带高”使用提供有效支撑。

4. 以民代军

在研发生产过程中，加强推动军民深度有机融合，贯通军品研制生成与民用商品配套体系链路，引入优质民营企业打破原有体系内部配套、传统固定配套的格局。针对国内民营企业在结构件加工、线缆制造、印制板制作、电装集成等领域拥有先进的低成本制造体系和充裕的产能，在设计时规范化制造流程和工艺标准，面向社会优势资源开展竞争择优。

5. 以软代硬

大规模集成电路在“摩尔”定律的指引下快速发展，弹上信息处理已经从模拟电路全面发展到数字电路，从而构成具有硬件和软件的微型计算系统。在功能实现的数学模型相同条件下，以软件代替硬件已成为工程设计中常见的降低系统功耗、体积和成本的有效手段。在弹上电子部件设计时，充分挖掘可以采用以软代硬的功能模块，通过减少电子部件的硬件数量来降低成本。

6. 以新代旧

以新技术代替旧技术、以新材料代替旧材料、以新工艺代替旧工艺，是产品设计中依托技术进步降低成本的有效措施。在技术方案设计、元器件原材料选用和快速制造工艺编制等方面，充分调研国内相关行业最新发展，以性能满足优选价格的原则，开展“以新代旧”设计。

7. 以多代单

在外协外购件合格供方管理中推行多供应商代替单一供应商的机制，结合精确制导弹药的技术特点，梳理出配套产品目录清单，制定基于成本和性能的综合竞争择优管理办法，进一步规范管理项目配套单位，降低产品成本的同时控制技术风险。同时，构建供应商常态化竞争机制，依据年度考核结果调整下年度订货量分配比例，确保价格更优、进度更快，实现“质升价降”。

8. 以智代人

在国家“智能制造试点示范专项行动”推动下，智能制造逐步从概念走向现实。采用智能制造代替人工制造，已成为工业领域高效率、高质量、低成本制造的重要举措。精确制导在方案设计时已充分考虑智能制造的需求，统一设计标准和识别定位基准，为装配过程的高安全度可靠操作、工艺参数在线感知以及全制造过程自主管控提供有效支撑。

3.4 低成本化技术途径

在低成本化总体思路指导下，结合战术导弹功能及组成，以及国内外相关技术和方法发展现状，从设计思想、集成技术、新材料和器件、新工艺和方法等几个方面探讨具体低成本化技术途径。

3.4.1　强化“三化”设计思想

“三化”指的是“系列化、模块化、通用化”，其中，系列化指的是型号按作战任务的不同，或射程、战斗部、制导系统等技术特征，合理分档、分组发展；模块化指的是把分系统按预定接口关系，设计成积木式模块，可进行组合化装配；通用化指的是“一弹多用”，即同一型号用于不同发射平台，或者部组件或元器件的通用化。实践证明，严格贯彻“三化”设计理念的装备可以最大限度重复利用前期已成熟的研制成果，减少重复研制，节约大量研制费，有助于批量生产，降低生产成本，并可以满足各军种的作战需要，简化操作使用与后勤保障，减少使用和维护保障费用。在“三化”设计过程中，需重点关注以下几个方面：

1. 落实“三化”设计理念

装备管理部门突出装备体系顶层规划，强化装备“三化”设计意识，制定装备“三化”相关政策制度，发布相关技术标准，确保“三化”设计理念落实落地。

实现“三化”设计的关键点：一是架构可通用、功能可定义，“三化”架构能够适应不同场景、不同型号、不同系统等需要，通过选配不同硬件模块、加注不同算法软件实现系统功能定义，避免装备研发低水平重复，便于部队使用及管理保障；二是硬件可替换、软件可升级，适应电子信息技术快速迭代、目标类型不断变化拓展，以及干扰对抗手段持续升级态势，通过构建开放式系统架构，支撑系统与分系统、软件与硬件、算法与软件等解耦，实现模块可原位替换、算法可及时更新、软件可持续升级；三是结构关系统一、模块组件共用，“三化”架构内部的模块组成及功能、接口关系、数据格式符合标准，关键模块组件规格系列统一，可在不同装备之间通用互换。“三化”的最终目标是通过规范系统组成、接口关系、数据协议、软件及算法等，对于不同装备，在平台约束条件内可实现整机移植；对于同型精确制导弹药，可通过整机、模块原位替换实现持续升级。

基于“三化”理念，未来可发展精确制导弹药系列，初步形成标准体系，并依据“三化”设计方法，系统性构建了“三化”指标体系，具体如下：一是系列化。主要包括制导弹药系列化，形成电视、红外、激光和雷达等制导体制系列化。二是模块化。制导弹药的组合拟按标准化的设计思路，规划制导弹药内部的功能模块，统一定义模块接口，实现制导弹药快速组合和更换；制导弹药进行舱段级模块化设计，可实现舱段工厂级组合互换。三是通用化。主要包括发射装置与制导弹药接口的通用化：规范发射装置、制导弹药之间的机械接口、电气接口；在结构、电气、功能等多方面提高通用化水平。通过构建“三化”指标体系，不仅实现了“三化”的可考核性，而且给承研承制单位提供了设计依据，从根本上提升了精确制导弹药体系的建设效益。

以某型空地导弹为对象，开展低成本化设计，在战术技术指标基本不变的条件下，通过“三化”设计，实现了以下经济效益：一是舱段减少，弹体结构设计中充分考虑各子系统的需求与功能，将各子系统划分为功能相对独立的 3 个舱段，生产时，各模块的生产过程相对独立，舱段间电气接口清晰，减少总装环节的装配、调试和测量工作，提高装配效率，有利于组织大批量生产和未来功能化模块的替换升级；二是零件数量降低，使弹体结构零件种类减少了约 37%，零件数量减少了约 31%；三是减少生产环节，通过模块化设计，统一弹上接插件类型，对弹上电缆网按照组件方式进行设计，由相关厂家直接配套，替代原本的接插件配套厂提供接插件，总装厂焊接的方式，减少中间环节，提高厂家配套规模，同时为多个厂家择优选用提供基础。

2. 实施标准化设计

标准化是指在经济技术科学和管理等实践中，对重复性的事物和概念，通过制定发布和实施标准达到统一，以获得最佳秩序和社会经济效益。标准有三个特点：一是“量化、通用”；二是“统一、规范”；三是“公正、效益”。标准就是法规，强调标准管理就是强调依法管理，推进标准化是依法管理装备建设的重要抓手，也是提高装备经费使用效益的有效途径。在我国民用装备领域，已经突破了传统的依靠资金和技术的途径，“标准先行”已经成为各行各业普遍共识，表现特别突出的是高铁领域、新能源汽车等领域。近年来，我国高铁相关企业在主导、参与国际标准制定方面已经取得了可喜的成绩，并且支撑着我国高铁技术和设备在国际市场上取得了突出的成绩。“三化”的实现离不开标准化，标准化是完成“三化”设计、落实“三化”理念的不可缺少的必要环节。

在装备领域，经过数十年的高速发展，正从粗放式的数量增长逐步向精细化的质量提升转变。装备领域发展规模、装备技术性能提升、需求任务多样化，以及我国装备发展的更高层次等多种因素都在倒逼装备行业转型，尤其对于精确制导弹药领域而言，研发经费相对较少、技术门槛相对较低、批量订购数量大等决定了国内具备研发能力的企业众多，行业领域建设效益有待进一步提升，行业发展急需整合。以制导控制系统为例，在标准化工作落实层面，可形成几十种标准规范，涉及硬件类、软件类、接口类、功能类等各个层次，初步形成了制导控制领域的标准体系，从而更科学、更合理、更高效地指导导引头领域高质量发展。在装备标准领域，美国走在了世界前列，近年来，美国制定有多项订购政策、法规，要求在研制和采购导弹时，尽可能考虑军种内部、三军之间、北约内部的武器系统标准化和通用性要求。美国还成立了促进导弹“三化”管理机构，如巡航导弹联合计划局。该局的一项重要任务就是负责管理海、空射巡航导弹主要部件的标准和通用化，确定了通用部件占70%的目标。

3. 落实“三化”责任

在装备“三化”理念落实过程中，军方和承研承制单位应突出强化各相关单位责任落实，建立明确的责任人体系。首先，装备管理部门审核并发布“三化”措施等；其次，装备论证单位联合承研承制单位拟制并上报“三化”要求；最后，承研承制单位按照“三化”规定，开展装备“三化”设计并接受装备管理部门审核。一般而言，对于重大项目的“三化”，应按照管理、实施和技术3条线建立责任人体系。其中，管理线，建立主要责任人、直接责任人等两级责任体系，主责单位主要领导为主要责任人，下属局（处）为直接责任人；实施线，由各装备管理单位主要领导和各承研承制单位主要领导担任实施责任人；技术线，由各项目总师担任技术责任人。

3.4.2 积极创新应用低成本技术

1. 协同制导技术

网络化协同制导技术是通过集成多枚低精度低成本的子导弹的测量信息，使得各子导弹之间共享相关测量数据，达到比单枚子导弹精度更高、性能更高和效费比更高的优势，实现 $1+1+1>3$ 的最终目的。

2017 年 8 月，美国空军在第 3 期小企业创新研究计划中发布了“集群/协同导航”项目，旨在开发多源导航算法，使处于“反介入/区域拒止”环境下的武器系统具备武器级的导航能力，满足低成本弹药对地面与水面 GPS 拒止和“反介入/区域拒止”环境下协同导航能力的需求。在 GPS 拒止环境下，多枚武器可通过共享相关测量并结合武器内的测量结果，来获得比单枚武器惯性导航系统性能更优的中段制导精度。美国空军希望通过此项目寻求能够利用这些测量结果的通用分布式导航软件架构。所提方案应实现精确的局部导航（如各武器相对于其他武器的位置），以及比单枚武器制导更低的全球位置误差。由于不能保证所有武器上的所有传感器一直处于可用状态，协同导航算法应当以分布式方式运行。如果 GPS 或其他地理坐标参考源可用，则导航算法还应结合这些信息，但并不要求这些参考源始终可用。该项目将分 3 个阶段开展。第 1 阶段：重点开发能够在仿真环境中运行的导航算法；开展软件在回路/硬件在回路或概念验证硬件演示。此阶段研究应明确系统效能、最低传感器性能要求、通信要求和系统局限性。第 2 阶段：改进导航算法，进行硬件实时概念验证演示；根据需要进行软件在回路或硬件在回路测试。第 3 阶段：在武器系统或替代系统上演示开发的技术方案，使用能够测量武器间相对位置的传感器硬件，将该技术推广应用至其他协同弹药项目。

2. 制导指令与导弹分离技术

制导指令与导弹分离技术指的是充分利用发射制导装置可重复使用的特性，将高价值一次性消耗的精确制导弹药的部分功能尽量转移至发射制导装置，达到降低成本的目的。

工作原理是：射手使用发射制导装置对目标实施搜索、识别、锁定、跟踪和发射，导弹发射后，对目标持续跟踪，直至目标毁伤。在此过程中，采用制导指令与导弹分离技术，使发射制导装置尽可能多地完成导弹制导与控制，减少功能，简化设计，降低成本。比如：采用三点法制导方式，地面发射制导与导弹分离发射等总体方案，制导和控制指令均在地面发射制导装置上生产，以有线方式传输至导弹上，导弹上仅安装执行机构，按照制导和控制指令，执行机构实现弹体稳定飞行，直至毁伤目标。采用此种方式的精确制导弹药尽可能减少了弹上设备种类和数量，一方面减少了弹重和外形尺寸，另一方面降低了成本。一般而言，此种方式将导致射手瞄准目标过程中，心理负担重，作战反应时间长，影响射手战场生存能力。随着自动化和智能化技术的快速发展，充分利用目标自主识别、锁定和跟踪等技术，以及随动控制技术，已经能够实现地面发射制导装置的无人化，具备目标自主搜索、识别、锁定和跟踪能力，克服有人操作的缺点，提升反应速度和射手生存能力。

采用“制导指令与导弹分离技术”的典型装备是“赛格”反坦克导弹（图3－2）。此型导弹采用“目视瞄准、电视跟踪、有线传输指令、半自动瞄准线制导”技术方案，射手通过电视测角仪光学瞄准镜观察和瞄准目标，电视测角仪实现对导弹弹上光源的电视半自动跟踪，自动测量导弹与瞄准线之间的角偏差并产生误差信号，自动形成控制指令，控制导弹飞行。武器系统由地面控制设备、发射装置、携行背具和反坦克导弹等组成，地面控制设备包括观瞄制导装置、跟踪装置和蓄电池组，观瞄制导装置主要由电视观瞄组件、红外观瞄组件、电视测角组件等组成。

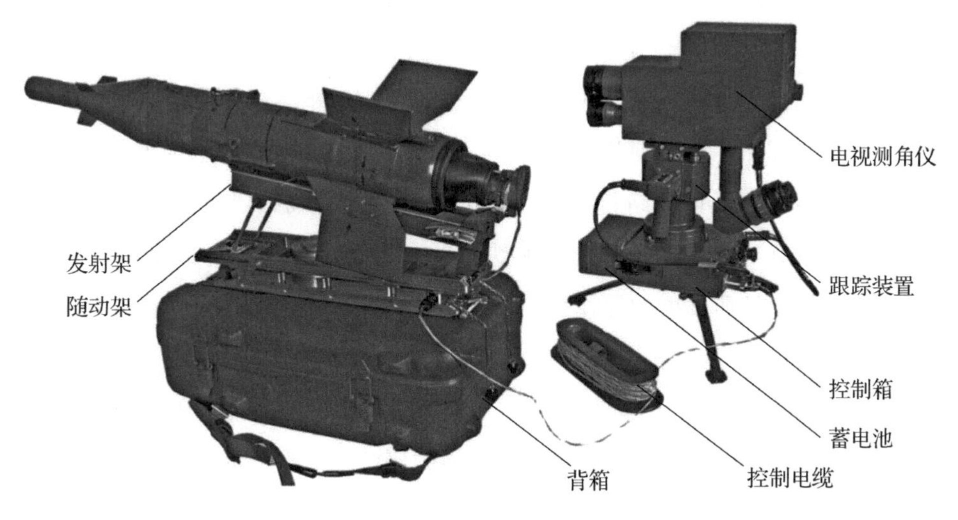

图3－2 “赛格”反坦克导弹

通过上述技术方案，“赛格”反坦克导弹弹上的设备消耗品仅包含控制信号接收设备、执行机构（舵机），而高价值的制导和控制装置装载在可重复使用的地面制导控制设备中，使武器系统效费比大幅提高。

3. 多平台发射技术

多平台发射技术（含多弹种发射技术）是从武器系统层级低成本化的重要途径。多平台发射技术能够大幅降低研发、作战使用和维护保障等费用。在研发上，尤其重视现有产品在不同平台的拓展。这些平台间的拓展包括：空空导弹向地面发射平台拓展、单兵反坦克导弹向车辆平台拓展、直升机载导弹向舰艇平台拓展、地面发射型导弹向舰艇平台拓展、舰载导弹向地面平台拓展、高速有人战机平台向无人机平台拓展等。比如：美国、德国、英国都在积极开展将空对空导弹改装到地面发射平台的工作。其中，美国雷声公司将增程型先进中程空空导弹改装用于国家先进防空导弹系统（NASAMS）发射。增程型先进中程空空导弹采用更大型的火箭发动机及其他改进，将大幅拓展国家先进防空导弹系统的防御范围，使其最大射程提高 50%，最大射高提高 70%。该项目 2016 年 10 月首次在野外成功试射。试验中，操作人员利用经过升级的火力分配中心控制和发射导弹，证实了该导弹与国家先进防空导弹系统发射器的兼容性。德国迪尔公司正在研制具备行进间发射能力的“彩虹”近程防空导弹系统。“彩虹”近程防空导弹系统在“彩虹”红外成像制导空空导弹基础上研制，目前以全地形车为发射平台，需要停车部署才能发射导弹。迪尔公司的目标是能够在各种车速和车辆机动条件下发射导弹，不会受到载车速度的影响。另外，单兵反坦克导弹向车辆平台拓展的研究主要有白俄罗斯科学研究与生产中心的车载型“黄蜂”系列反坦克导弹系统和土耳其洛克桑公司的车载型 OMTAS 反坦克导弹。车载型“黄蜂”系列反坦克导弹系统所发射的导弹均采用指令制导，通过编码激光传输指令，配用串联聚能破甲战斗部。车载型 OMTAS 反坦克导弹安装在奥托卡公司的“阿尔玛”6×6 装甲战车以及土耳其在 FNSS 公司 4×4 装甲车基础上研制的新型轮式车辆上。在地面发射型导弹向舰艇平台拓展的研究中，除了近年常见的反坦克导弹向舰艇移植外，以色列又开始探索如何将巡飞弹安装到舰艇平台上，进一步增强舰艇的火力。为了能让舰艇发射巡飞弹，以色列宇航工业公司针对海军的需求改进了“绿龙”巡飞弹的密封发射箱和通信天线。“绿龙”在密封箱内点火，在小型火箭助推发动机的协助下完成发射。还是以美国“标枪”导弹为例，20 世纪 90 年代研制出便携型产品后，在导弹技术状态维持不变的情况下，先后移植到多种装甲平台、轻型越野平台、兼容 TOW 和 Avenger 发射平台、小型舰艇平台、无人车辆平台、无人直升机平台、无人值守武器平台、集装箱式武器平台，真可谓数不胜数、眼花缭乱。

4. 弹道修正技术

弹道修正技术的基本原理是在弹丸飞行过程中通过控制弹丸对无控飞行弹道进行修正，采用这种技术可大幅度提高弹丸的命中精度、减少落点散布，而且成本相对较低；具有弹道修正能力的弹丸称为弹道修正弹，它是一种发展中的新型灵巧弹药，弹上的执行机构对弹丸的运动轨迹进行一次或多次修正，从而极大地减小弹道偏差，提高射击精度。图3－3展示了弹道末段修正的原理。

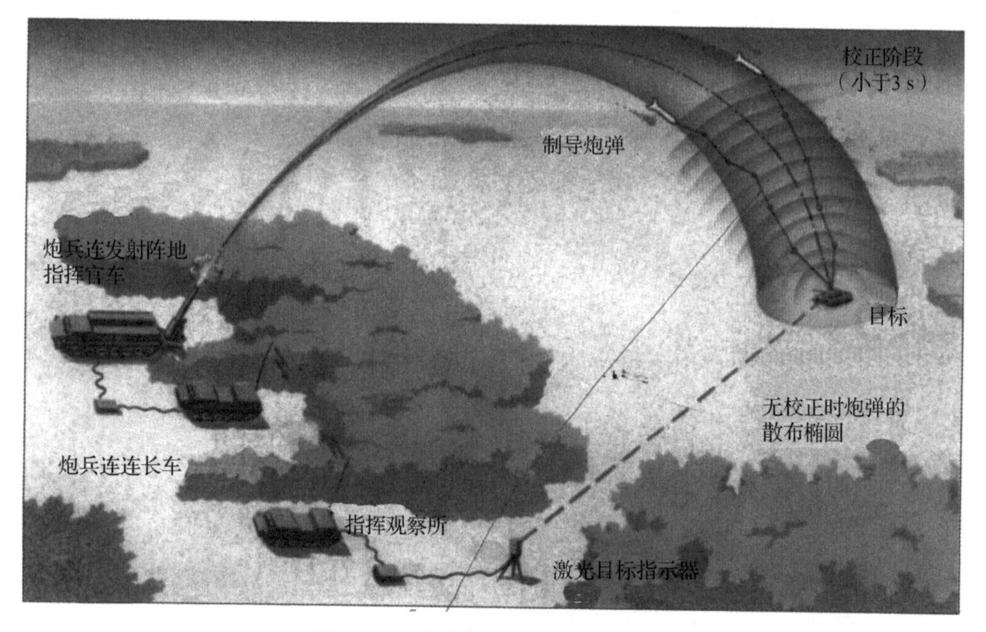

图3－3　弹道末段修正原理示意图

弹道修正弹主要采用三种修正技术：自动试射修正技术、一维射程修正技术（射程修正）和二维修正技术（射程与射向修正），可以实现不同程度的弹道修正。自动试射修正技术只能消除大部分的偏移误差，一维射程修正技术可以消除大部分偏移误差和精度误差的距离分量，二维修正技术则可以更大程度地消除偏移误差和精度误差。

弹道修正力系通常采用附加空气动力（空气阻尼）和脉冲推力两种形式，常用的弹道修正机构有脉冲式火箭发动机、阻力环和空气动力鸭舵等。

采用脉冲式火箭发动机对弹道进行修正是一项新颖的技术，在国外的高速动能弹、超高速火箭、制导炮弹和制导迫弹中得到了应用；采用这种技术的弹丸在头部或弹体上沿圆周均匀分布多个微型脉冲式火箭发动机，在弹丸飞行过程中，可根据需要控制脉冲式火箭发动机点火工作，依靠它们产生的直接横向反作用控制力快速修正弹丸的飞行弹道，脉冲式火箭发动机的作用时间极短，一般为几毫秒或几十毫秒。

5. 成熟商用技术拓展应用

从装备低成本化角度考虑，结合装备使用特点和环境，基于民用和商用技术，构建低成本化商用技术体系，主要包括数字工程技术、商用级（车规级）电子元器件技术等。

（1）数字工程技术

借鉴民用汽车制造业中长期使用数字设计、工程工具来进行整机持续改进的方法，寻求未来精确制导弹药设计制造的新思路。此技术引入了汽车制造业等其他领域应用的“数字工程”技术，通过“数字工程”功能，设计在未来使用的新技术，将其作为一个子系统，融合到整个精确制导弹药框架中，而不用担心这一新技术的成熟度，也不会影响设计、生产进度。一旦技术成熟，基于“数字工程”设计的新技术就可以迅速融入整体进程，无须返工，无须学习周期。通过应用此技术，可以最大限度地保持设计、制造的创新性，通过“部分更新迭代”而不是“修修补补”或“推倒重来”的方式推进战术导弹的发展。通过在设计制造中引入汽车制造业等领域的数字化工具，就可以实现数据透明和成本可控，从而真正实现未来创新性快速发展。

（2）商业级（车规级）电子元器件技术

在信息化、智能化程度越来越高的发展趋势下，电子产品成为弹载各系统的核心，也是成本的重要组成部分，其中，元器件成本占有很大比重。在低成本元器件使用方面，一是工业级器件应用，国外已经逐渐建立起相对完善的质量控制体系，并应用于航空航天领域。例如，美国航空航天局（NASA）制定了《塑封微电路的选择筛选和鉴定》（PEM – INST – 001）标准，对塑封微电路的筛选（Screening）和鉴定（Qualification）流程进行了明确的规定。二是汽车级电子元器件应用，汽车级器件标准直接采用了很多军用标准如 MIL – STD – 202、MIL –

STD－750、MIL－STD－883 以及 IPC、EIA 等行业标准或协会标准中的相关条款作为自己的可靠性标准内容，因此，以性能优越、价格低廉被越来越多地应用于世界各国的航空、航天等高可靠技术领域。美国航空航天局在 2014 年启动了汽车级电子应用于小飞行任务的元器件基础项目（NEPP），以微处理器为研究对象开展相关研究。

为了实现低成本元器件的可靠应用，可以对工业级、军品级和汽车级元器件的标准规范、品种覆盖性、质量控制方法和成本开展研究分析，并通过元器件专项试验进行摸底和验证，最终形成低成本元器件质量控制方法。

①重点方向研究分析。

工业级元器件是制造商按照自己的方法，生产满足一般工业使用环境或特定行业要求的产品，包括汽车工业级器件、电信工业级器件、机车工业级器件等，其使用的技术规范较多，但没有相对公认的统一技术规范或标准。另外，商用器件更新换代速度快，产品周期短，难以适应军用/航天领域长期供货、周期性采购的特点。

军品级元器件指制造商在军用部门认证的生产线上严格按照相关军用标准规范生产制造、选择、测试和鉴定满足军用环境使用要求的产品。军品生产一般在通过认证的军标生产线进行，如美国国防后勤局（DLA）认证的 QML 生产线、中国军用电子元器件质量认证委员会认证的 QPL 生产线。可靠性标准基本按照美军标执行，主要以 MIL－STD－883 为主，根据军品级别不同，分别开展不同的筛选试验、测试、破坏性物理分析、例行试验等。军品级元器件种类繁多，但由于军品量少、要求高、认证困难，导致很多电子元器件生产厂家不再生产军用器件或逐步退出军品生产，如飞思卡尔（前摩托罗拉）已不再生产军品。

汽车级元器件是制造商在经过汽车行业质量认证的生产线上按照自己的方法生产，并经过相应汽车行业标准筛选、测试和鉴定的，满足汽车使用环境要求的产品。汽车级元器件质量体系一般为 ISO/TS 16949 质量体系。可靠性标准主要为两个，一是美国汽车电子协会标准，即 AEC 系列标准，二是国际标准化组织标准，即 ISO 16750 系列标准，其中，AEC 系列标准被广泛采用。

从经济性提升角度分析，汽车级元器件在标准规范和质量保证体系方面都要优于工业级元器件。同时，由于出货量大，均摊成本低。通过选用汽车级元器件替代军品级元器件，预计可实现无源器件（电容器等）和分立器件的采购成本下降至1/30，部分分立器件和集成电路的采购成本甚至可下降至1/100左右。

综合基本情况分析和经济性价值分析，与工业级器件和军品级器件相比，汽车电子元器件具备可观的出货量，优于商用器件的产品周期，具有独特的质量和成本优势。因此，低成本设计中可将汽车级元器件作为低成本元器件弹上应用的重点方向。

②军品级、工业级和汽车级元器件标准规范对比

工业级元器件无明确可靠性标准支持，一般只进行常规测试或三温测试；工业级元器件一般只保证较长的生命周期，但一般没有具体数据。

汽车级元器件有明确的可靠性标准支持，要求进行100%测试和筛选、抽样鉴定（其内容相当于军品级产品的例行试验内容、DPA内容）、失效分析和快速归零，一般不提供报告，但可在网上查询其质量情况。

军品级元器件按标准要求的方法组织生产，并按可靠性标准规定进行100%测试、100%筛选、例行试验、DPA和失效分析、归零，提供标准规定的各类报告。

汽车级元器件品种覆盖情况分析。汽车级元器件品种主要集中在传感器、微控制器、微处理器、驱动器、通信元件、电源供应器、被动电子组件、显示器等。按武器装备应用需求来说，FPGA、CPLD、DSP、存储器、各类电源器件、电阻器、电容器、电感、二/三极管、光电耦合器、电连接器、继电器、功率器件、电池、总线等都有汽车级元器件，并且随着电动汽车、无人驾驶汽车逐步推广，汽车级元器件种类会越来越多，汽车级元器件的生产厂家包括NXP、Altera、Analog Devices、Xilinx、Texas Instruments、Cypress等国际知名大公司。

③汽车级元器件质量控制方法分析

汽车级元器件可靠性标准一般都规定进行一系列测试或筛选，测试一般从芯片制造开始到产品出厂，其测试和试验项目直接引用了美军标的相关条款，如水汽含量检测、恒定加速度等就直接引用MIL－STD－883标准的部分条款。其测试和鉴定试验的核心就是为了应用，因此，汽车级元器件的测试一般为fail/pass，

即通过设置使用中遇到的各种故障触发条件进行测试，保证出厂的产品能可靠使用。汽车级元器件一般具有较高的可靠性，寿命保证至少15年。

④汽车级元器件质量评价与选用控制

通过开展汽车级元器件质量评价和可靠性摸底试验，检验汽车级元器件在弹用环境剖面和使用条件下的可靠性指标，为低成本元器件质量控制规范的编制提供技术支撑。可靠性摸底试验参考军用电子元器件装机要求，包括汽车级元器件上弹前的筛选试验、破坏性物理分析（DPA）等。

基于上述结果，根据精确制导弹药应用条件，开展基础应用验证工作，研究汽车级元器件应用于精确制导弹药的质量控制流程和方法，形成低成本元器件应用质量控制规范，编制汽车级元器件弹上应用优选目录。

3.4.3 积极应用集成化技术

集成化技术指的是按照一定的技术原理或功能目的，将两个或两个以上的单项技术通过重组而获得具有统一整体功能的新技术的创造方法。对于一个装备系统而言，优秀的集成化技术方案可以最大限度减少冗余功能、部（组）件、能耗、重量等，使得成本－效益平衡，并取得最大的效能。

传统精确制导弹药由导引头舱、控制舱、舵机舱、战斗部舱、发动机舱等组成，其中，战斗部舱属载荷舱，是毁伤目标的核心部件；发动机舱属动力舱，是投送载荷的关键部件；两者是相对独立的部件。导引头舱是制导核心部件，实现对目标的搜索、跟踪、识别、锁定和跟踪，导引头舱输出制导指令，作为控制舱的输入指令，利用科学合理的弹体控制模型，解算控制指令，作为舵机的输入指令，通过舵机的伺服机构等控制弹体的运动，完成战术导弹运动姿态调整，使得实现对目标的追踪。传统在设计过程中，首先由总体依据军方下达的战技指标体系，开展总体方案设计，根据组成及功能，明确各部（组）件的技术要求，并作为各部（组）件的设计输入。针对精确制导弹药特点，按照集成程度和方式的不同，集成化技术可分为以下几个层次：

1. 载荷平台一体化技术

传统“平台加载荷”设计方法使得载荷和平台界限分明，载荷要根据平台的设计调整，系统的重量、体积难以灵活安排，而载荷平台一体化技术突破了

“平台加载荷”技术，提高了载荷设计的灵活性，使得系统的重量、体积可通过设计进一步下降。载荷平台一体化设计能够以载荷为中心，围绕载荷需求，实现载荷平台融合设计，达到减少平台结构、软硬件高度集成、有效载荷比显著提升。

开放式集成架构带来了标准化的集成样式和接口，为灵活的商用货架采购和多方配套，以及全生命周期升级维护等提供了成本控制的技术基础。这方面的典型发展为弹载综合电子集成技术应用。比如：美国标准3型导弹的导航制导舱采用了综合电子集成设计，将导航计算与信息处理、飞行时序控制、弹船通信、动力系统的推力驱动与控制等一体化集成，采用模块化集成样式将10块功能板集成于1块母板，如图3－4所示。另外，美国的HyFly导弹是以双燃烧室超燃冲压发动机为动力的高超声速导弹，在极为有限的空间内，采用的综合集成方案在制导控制单元（GCU）中集成了飞行控制、导航解算和其他信息处理的功能，外围集成惯性测量（IMU）、执行机构等，实现了“中心处理＋外围传感/执行”的一体化集成。

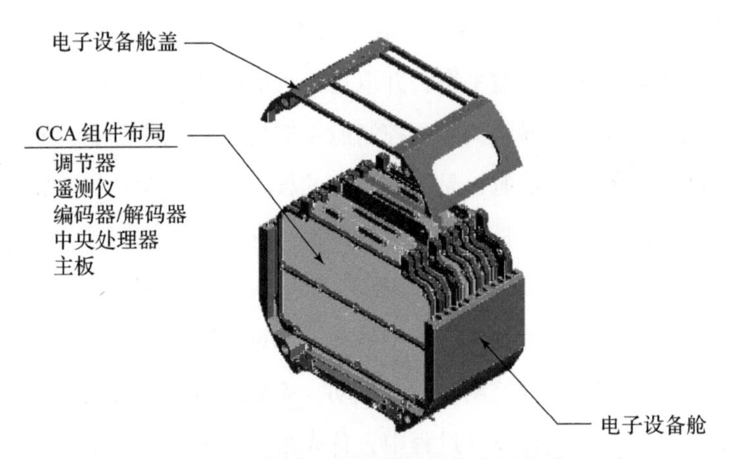

图3－4 标准3型导弹模块化电子集成

低成本导弹综合电子集成方案设计中，采用“硬件综合化、功能软件化”的技术路线，应用一体化集成架构、模块化组件和开放式互联等技术，将涉及导弹武器的飞行控制、制导、导航、任务规划、引战控制、资源调配与健康管理等原有各自分立的子系统/功能模块进行一体化的功能集成与统筹管理。系统功能实现从传统按“分系统”“设备级”来划分，以独立系统功能自闭合为特点的

“纵向划分”模式，转变为按“功能区”“模块级”来划分，以共性专业层次化综合为特点的“横向划分”模式，从而实现资源的高度整合与高效运用，达到提升装备总体性能，提高可靠性、降低成本等目的。集成方案设计包括集成逻辑架构、硬件集成、软件集成、信息互联设计等部分。

在需求收集的基础上，开展需求的分类综合，以任务功能特性区分，形成两项功能分类：一是基础任务功能区，包括电气控制、动力控制、引战控制、舵系统控制、飞控解算、惯性导航功能；二是扩展任务功能区，包括地形匹配导航、卫星导航、景象匹配导航、实时规划、红外成像导引、健康诊断及能源监控、遥测采编发送。在此基础上，形成系统集成逻辑架构，如图3－5所示。

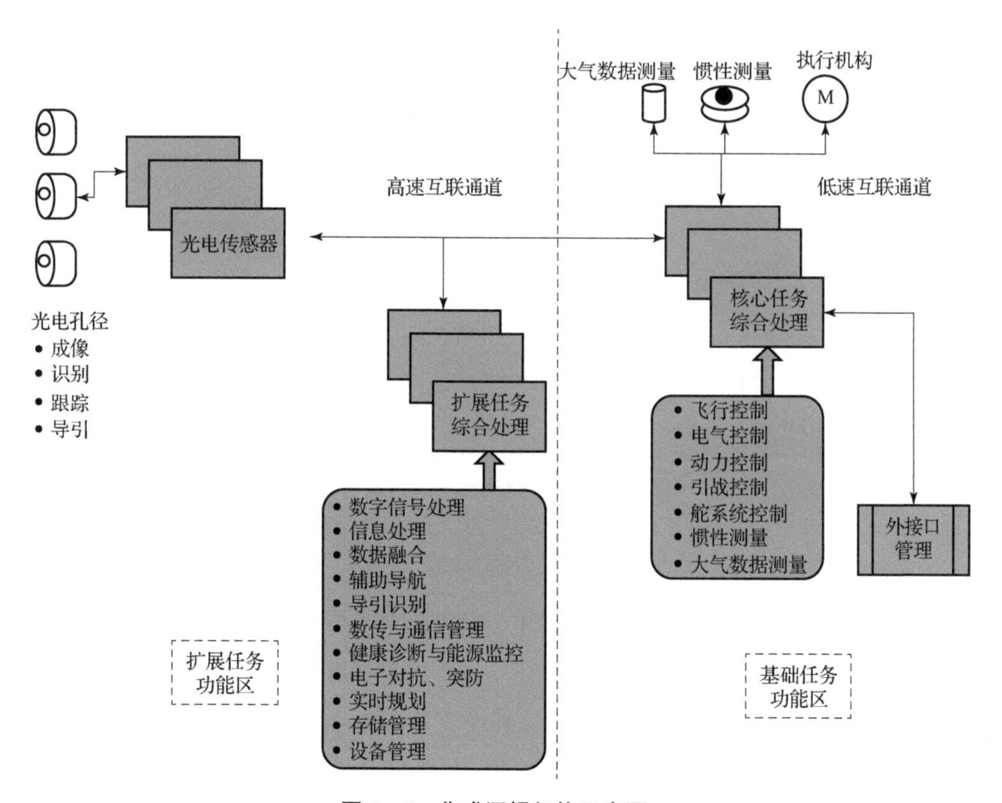

图3－5　集成逻辑架构示意图

2. 硬件一体化技术

硬件主要包括结构硬件和计算硬件，两者均存在一体化设计需求。在计算硬件方面，当前高速发展的计算机运算处理能力已经解决了传统计算机运算处理能力无法满足制导控制的需求，使得很多部组件可共用一个处理器，确保电路上节省很多空间和功耗，进一步降低成本。在结构硬件方面，从结构上说，传统执行单一结构功能的部组件被赋予更多功能，比如：导引头遮光罩既可为相机系统隔离杂散光的遮光罩作用，同时，还能为整弹承力结构进行整星部件的安装。

以飞控系统为例：基于自主可控国产高性能 SOPC 处理器架构综合控制单元，对共性硬件资源进行合并，实现制导控制解算、姿态解算、位置解算、舵控模型解算、弹上任务调度和管理，将弹载计算机、舵控模块和导航计算模块 3 个功能部件进行合并。硬件成本降低约 20%。一体化飞控系统（一体化飞控）由惯性测量单元、综合控制单元、舵机单元组成，如图 3－6 所示。

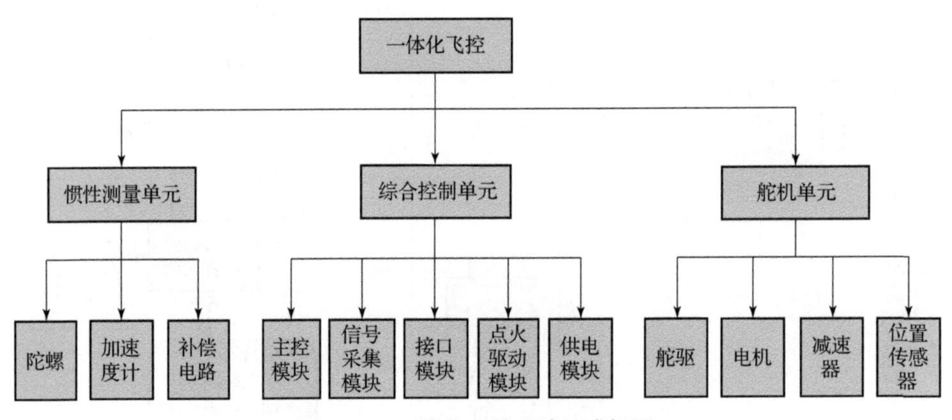

图 3－6 一体化飞控系统组成框图

系统总体设计方案基于一体化综合集成设计思路，通过综合控制单元实现对任务调度、时序控制、姿态与位置测量、制导控制信息融合与处理等功能的统一管理，对共性硬件资源进行合并和复用，减少硬件消耗。主要措施如下：一是采用集成了 RS422 控制器、Flash 存储等外设资源的自主可控高性能 SOPC 作为综合控制单元的主控模块，满足一体化飞控的实时复杂信息处理需求；二是对传统理念的飞行控制器、惯性测量装置、舵机控制器进行集成，有效减少系统硬件规模，减小系统体积，提高系统性能；三是采用时间片分解与管理机制，满足一体化飞控系统软件复杂性和实时多任务要求；四是基于自主可控高性能处理器进行并行协同强实时软件架构设计，保证系统的强实时性和可预测性；五是开展独立测试回路设计，结合系统的工作流程、交联关系等情况，通过测试状态、测试接口、测试信号的综合设计实现深度耦合条件下系统各单元的状态检测，从而提高系统功能测试覆盖度。

以引信为例，采用了安全与发火控制电路集成化设计技术。在引信产品成本构成中，电子元器件的采购成本占直接成本比重较大，涉及的部件为安全与发火控制电路，其功能为接收弹上解除保险能量及信号，感知可信发射环境，按照预定流程控制 S&A 机构解除保险。将逻辑控制单元、电源模块、电子开关及其外围电路元器件进行集成化设计，大规模生产采购时，将有效降低元器件采购成本，同时提高产品可靠性和生产工艺性。在具体设计过程中，主要措施如下：单片机采取 FPGA 集成化设计取代，设计引信通用的国产化处理器；电阻、半导体、光电子器件采取厚膜混合集成的设计方式，可进行大规模、自动化、流水线生产，月产量万只以上，可大幅减少装配工时，提高装配质量和效率。设计引信电路部件通用筛选测试自动化设备，可批量进行自动化检测筛选，大幅减少筛选工时和人员数量。

3. 软件一体化技术

软件一体化技术基于分层构架，采用时间片分解与管理的方法，满足一体化软件复杂性和实时多任务要求。一体化软件由底层驱动层，时间片分解、调度与管理层和应用模块层组成。底层驱动层负责硬件的配置及驱动，将硬件与软件隔离；时间片分解、调度与管理层按时间片细分的方法，将一体化软件的功能分类，并将每类中的功能模块依照运行时间进行分配和调度，提高管理效率；应用模块层负责具体软件功能子功能的实现，该层中的软件模块均可独立设计和更改写入，提高软件设计效率，降低软件更改成本。

以系统软件为例：在综合集成样式下，软件复用硬件资源，以软件功能体现系统功能。针对弹上电子系统结构特点和应用要求，构建了分层式系统软件体系结构，作为系统软件的集成平台。如图 3－7 所示，该结构分为应用软件、系统软件、硬件支持软件三个层次，各层之间通过标准接口实现交互，相对独立，实现软硬件隔离，便于软硬件柔性扩展和升级维护，灵活支撑应用软件的部署和重构，体现软件定义系统功能。

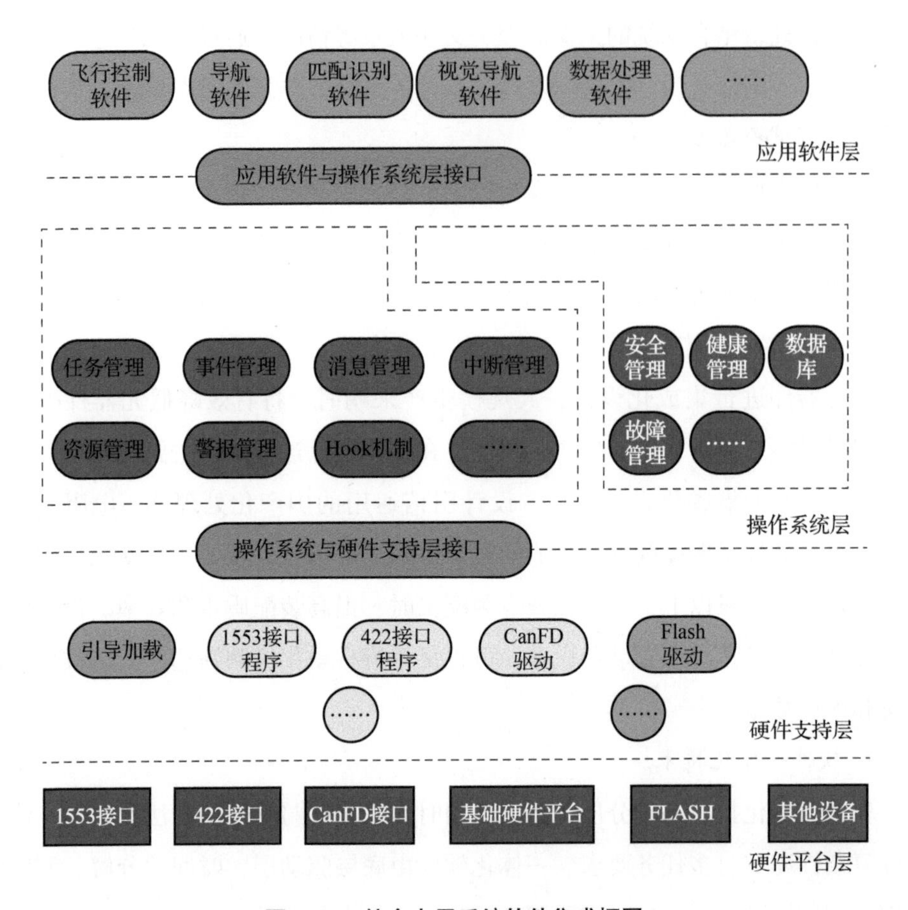

图 3-7　综合电子系统软件集成框图

系统软件以传统操作系统为核心，实现了多应用软件的任务调度、静态部署、动态重构，支持多应用软件在共用处理器平台资源下的多进程同时运行，以及 APP 式加载运行。硬件支持软件层包括各模块的板级支持包；系统软件层包括嵌入式操作系统和并行软件集成开发环境，针对不同分系统功能的应用算法软件位于最上层。比如：在低成本激光半主动导引头设计中，通过软件实现复杂激光编码的解码算法，取消了解码板方案；在抗激光后向散射设计中，取消了同步电路，采用数字信号处理提取激光回波信号特征的方法实现抗后向散射功能。

以一体化飞控软件为例，主要措施如下：一是通过时间片分解、调度与管理建立应用层模块与底层驱动模块的接口，减少应用层模块与底层驱动模块的耦合性，实现应用功能的灵活配置和灵活裁剪；二是通过时间片分解、调度与管理的机制保证系统应用可以按照准确的时间周期运行，满足系统强实时的要求；三是遵循“高内聚，低耦合”的设计原则，降低应用软件模块之间的关联度，避免由于某个模块的运行发生异常而对整个系统产生影响；四是对于输入的关键信号，采用间隔多次判读的防抖动设计，能够识别因线上电平抖动引起的误触发；五是对于输出的关键信号，采用周期性互斥确认设计，根据系统要求对信号的状态进行一次确认操作，确保输出信号稳定可靠。

4. 低成本制导控制组件技术

低成本制导控制组件技术主要用于提高传统无控弹药的命中精度，主要措施是将制导组件和控制组件高度集成于一体，并将该组件安装于普通无控弹药，在弹药发射或投放后，通过制导控制组件作用，提高无控弹药射程和命中精度。典型产品是美军的“钻石背”和风修正组件，如图3-8所示。

图3-8　“钻石背”组件

“钻石背”是MBDA公司研制的低成本制导控制装置，该装置的基本功能是使载机在防区外投弹，增加弹药的投放距离，并提高命中精度。“钻石背”通过通用化设计，可适用于大量的各种类型的无控炸弹载荷上。风修正组件的代表产品有洛克希德·马丁公司的风修正弹药布撒器（图3-9），它将惯性制导组件和气动控制组件作为一个尾翼装置加到标准的战术弹药子母弹上，用于克服风的影响，消除发射误差和弹道误差。

图 3－9　美军风修正制导组件

5. 多源信息融合技术

多源信息融合技术能够将传统的供电、感应探测、信号处理、模型技术等功能高度集成，结构更加简单，使得产品通用化和一致性高，减小体积和质量，能够满足大规模生产制造。比如：组合导航技术、多光谱探测技术等是传感－处理－计算技术的典型应用产品。组合导航设备使用 MEMS 加工工艺，集成了 MEMS 陀螺、加速度计和卫星定位导航设备等，其通用化和一致性高，可实现大规模生产制造，其体积小、结构简单，能够实现大规模标定测试，从而大幅度降低组合导航设备材料、加工工时和检验等成本。当前，国内采用 MEMS 技术的组合导航设备已经成熟，已在多型弹药上应用，能够适应发射冲击和随机振动条件，并通过飞行试验验证，功能性能均满足要求。以弹载电力线载波通信技术为例：通过增加电力载波转换模块，利用设备间的供电线束进行数字信号的传输，可以取消数字通信电缆，最大限度减少设备互联和穿舱电缆，降低电缆网成本，同时简化了总装装配工作。简化后的系统互连体系如图 3－10 所示。

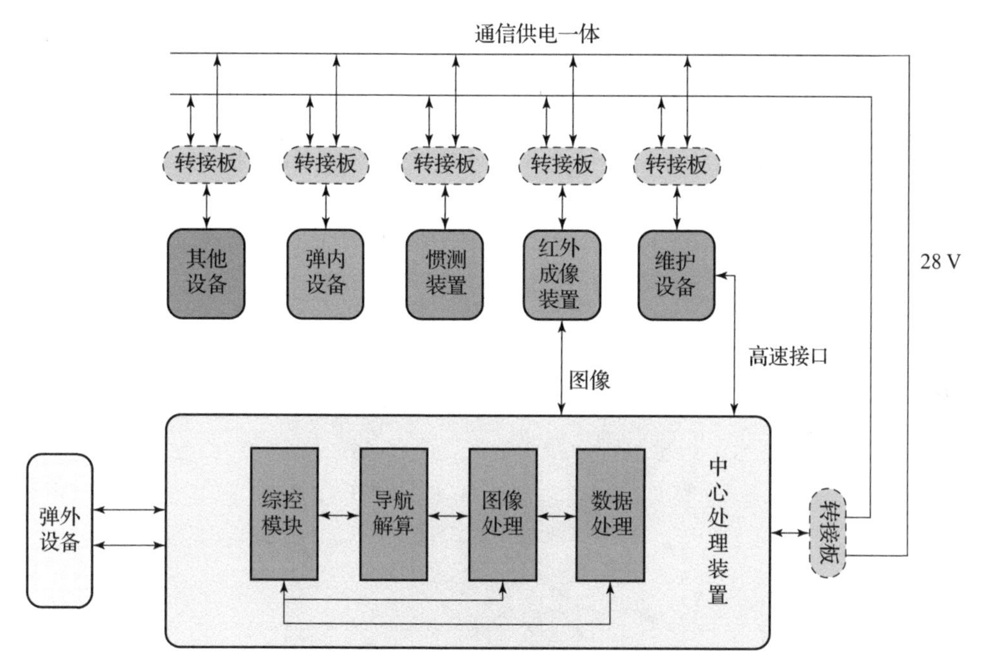

图3-10 弹上综合电子通信供电一体互连体系

3.4.4 新材料和新器件应用

“一代材料、一代装备、一代价格”，材料是影响战术导弹重量、体积等性能和成本的重要因素，创新应用新材料是降低精确制导弹药重量和体积、实现轻量化、减少零部件加工工时、提高毁伤威力等的重要举措。在新材料和新器件应用方面，应主要关注以下几点：

1. 复合材料

复合材料因其独特的性能而广泛应用于精确制导弹药生产制造中，利用复合材料优良性能和各种工艺成型技术可以减小质量、降低成本。当前，随着复合材料技术的不断发展，复合材料成本优势不断体现。比如：对传统碳纤维复合材料进行低成本化处理，在成本降低的条件下，提高碳纤维材料织物和预浸料等性能，使得低成本碳纤维材料满足使用要求，通过此种方法，可将传统碳纤维复合材料价格降低 50% 左右。

2. 玻璃材料

在导引头头罩方面，硫系玻璃作为一种新兴的红外材料，因其优异的光、热特性，可在测温、安防、制导等热成像领域进行应用。将硫系玻璃加工成各类光学元件，如透镜、分光镜等，或在硫系玻璃透镜中央开一圆孔，实现红外/激光/白光/毫米波共光路结构设计，可大大减小复合制导组件的体积、质量和成本，同时提升复合制导的效率，如图 3－11 所示。

图 3－11 低成本红外光学头罩

3. 刚挠混合集成电路板

柔性电路板是以聚酰亚胺或聚酯薄膜为基材制成的一种具有高度可靠性、绝佳可挠性的印刷电路板。其具有密度高、质量小、厚度薄和弯折性好等特点。柔性电路最早由美国开发，主要应用于对重量高度限制的航天火箭领域。随着电子产业飞速发展，柔性电路已广泛应用于民用通信、穿戴设备和航天设备等多种产业领域。目前，美国已将其在多种导弹产品中大面积推广应用。比如：美国 Excalibur 精确打击武器使用了 1 个 8 层刚挠混合集成电路板，如图 3－12 所示，该刚挠电路板尺寸为 13.6 in[①] ×1.2 in，8 层刚性层与 2 层挠性。采用全聚酰亚胺耐高温结构，最小线宽/线距为 100 μm/100 μm，满足 IPC 6013 Class 3 标准。

① 1 in＝2.54 cm。

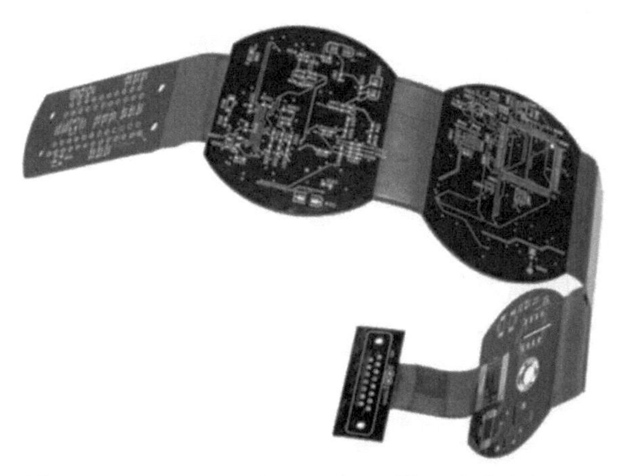

图 3－12　Excalibur 制导系统用刚挠混合集成电路板

图 3－13 所示是美国另一款典型的导弹制导模块中使用了盒装的刚挠混合集成印制电路。该电路板尺寸为 11.6 in×11.6 in，11 层刚性层与 4 层分层挠性。采用全聚酰亚胺耐高温结构，最小线宽线距为 100 μm/100 μm，满足 Mil－P－50884 标准。

图 3－13　导弹中刚挠混合集成电路板

基于刚挠电路特点，可通过以下几种方式节省成本：一是刚挠电路采用直接连接方式，节省了大量的接插件，不仅节省了成本，还提高了产品可靠性；二是采用直接连接方式，组装工时短，所有线路配置简单，节省了大量的排线连接工作，降低了工时成本；三是减小了电路板质量，可增加发动机或战斗部质量，提高导弹射程或威力，提升导弹整体效费比。

4. 火炸药

火炸药主要包括发动机推进剂和战斗部装药等。

对于发动机推进剂而言，成本高低直接影响发动机的工作特征和动力等性能，在精确制导弹药设计过程中，可根据使用对象，选用不同的发动机推进剂。一般而言，丁羟复合推进剂相比改性双基推进剂，成本较低，但其发射烟尘较大，容易暴露弹道特征，然而考虑到射程较近，导弹飞行时间短，并且发射后即离开阵地，发射烟尘对精确制导弹药生存概率影响较小，因此，将传统空地导弹发动机采用的少烟更换为低成本、适合大批量生产、市场成熟度高的丁羟复合推进剂。

对于战斗部装药而言，成本高低直接影响战斗部的威力性能，在精确制导弹药设计过程中，可根据使用对象和打击目标，选用不同的战斗部装药。一般而言，传统 TNT 炸药相比 JL20 装药，成本较低，但其威力性能较弱，然而考虑到精确制导弹药精度高，可直接命中目标，相比压制武器而言，战斗部威力要求相对较小，因此，精确制导弹药更适合选用低成本、适合大批量生产、市场成熟度高的 TNT 炸药。

3.4.5 新工艺和新设备应用

新工艺和新设备的应用主要体现在精确制导弹药生产制造环节，军方和承制单位应加大创新力度，充分吸收和借鉴各种新工艺及新设备应用，加大自身工艺和设备革新奖励力度，最大限度提升生产效益。新工艺和新设备主要包括以下几个方面：

1. 新工艺

新工艺主要从工艺角度构建低成本化的技术体系。

（1）平版印刷技术

平版印刷技术在半导体工业领域广泛应用，可以迅速生产出商业化产品。而平版印刷破片技术将平版印刷技术运用到预制破片的加工中，使预制破片的加工享受平版印刷技术所固有的低成本、大规模、可重复的优势。

在平版印刷技术应用方面，美国走在了世界的前列。美国陆军弹药厂中库存的自然破片金属壳体战斗部应用平版印刷破片技术进行改造，在性能和成本方面取得实效，同时，将该技术推广到武器研发与工程中心及弹药项目执行办公室研发的一种新型增程炮弹上，以加速该弹的生产。新型增程炮弹的装药量要比射程更近的库存现有自然破片弹药更少。平版印刷破片技术将提高该弹（在相同装药量下）能力，从而以低成本方式确保该弹在射程提高后仍能保持甚至超过原有性能。

由于平版印刷破片技术可以让弹药以预定的方式形成破片，因而能够提高弹药对特定目标的毁伤效果。没有运用平版印刷破片技术的弹药可能产生自然分布的大型破片和一些小破片，而运用平版印刷破片技术之后，弹药产生的大型破片数量要比自然破裂产生的更多。

（2）快速成型制造技术

快速成型制造技术是基于离散/堆积成型原理，综合利用计算机辅助设计（CAD）、数控、激光加工等技术，实现从零件设计到三维实体原型制造一体化的系统技术。其具体流程：

一是用 CAD 软件设计出零件的三维曲面或实体模型；

二是根据工艺要求，对生成的 CAD 模型进行切面分层，生成各个棱面的二维平面信息；

三是对层面信息进行工艺处理，选择加工参数，自动生成刀具移动轨迹和数控加工代码；

四是对加工过程进行仿真，确认数控代码的正确性；

五是利用数控装置精确控制激光束或其他工具的运动，加工出适当的界面形状；

六是铺上一层新的成型材料，进行下一次加工，直至整个零件加工完毕。

快速成型技术可以形成便于生产的设计方案，省去耗时费力的机械加工、绘图等工序，降低制造成本，缩短设计和制造时间，具有更好的需求响应能力，对于缩短产品开发周期、减少开发费用具有重要的意义。近年来，快速成型制造技术在精度、可靠性、生产率和产品尺寸等方面不断提高，3D 打印技术逐渐成熟，该技术是一种以数模文件为基础，运用粉末状金属或塑料等可黏合材料，通过逐层打印的方式来构造物体的技术。通过 3D 打印制造的样件，周期更短，而且能实现异形结构打印，整体尺寸精度可以根据实际需求调整，满足不同场合的不同需求。

（3）计算机模拟与虚拟制造技术

计算机模拟与仿真技术的应用，可为武器的设计、制造和试验带来明显效益。主要体现在以下几个方面：

一是在方案设计中，可以对多个方案同时进行综合性能的模拟预测，以便迅速确定最佳方案；

二是在设计阶段，可以验证结构、参数、模型是否适合产品综合性能要求；

三是可以代替或部分代替样机制作、工艺验证；

四是可以及早预测加工制造以及装备过程中可能发生的工艺问题；

五是可以部分代替样机和实体模型试验，减少真实试验次数和消耗。

在研制过程中，通过采用计算机模拟与虚拟制造技术，可以大幅度减少靶试次数，节约研制经费10%~40%，缩短研制时间30%~40%。计算机模拟与虚拟制造技术是在产品设计、制造的物理实现之前，利用计算机科学技术、仿真技术、虚拟现实技术，使人认识到未来产品的性能，从而做出前瞻性的决策与优化实施方案。利用计算机模拟与虚拟制造技术，可以在计算机上完成导弹武器的设计、试验、测试及试装配，从而大大缩短研制周期、降低成本。

2. 新设备

新设备主要从加工制造设备角度，构建低成本化技术体系。

（1）先进脉动装配生产线技术

脉动装配生产线（Pulse Assembly Lines）最初从福特公司的移动式汽车生产线衍生而来，是连续移动装配生产线的过渡阶段，不同的是，脉动装配生产线可以设定缓冲时间，对生产节拍要求不高，当生产某个环节出现问题时，整个生产线可以不移动，或留给下一个站位去解决。

当装配工作全部完成时，生产线就脉动一次。整条生产线由4部分组成：脉动主体、物流供给系统、可视化管理系统、技术支持。

脉动主体：站位设施、对接定位设备、可移动的装配设备等。

物流供给系统：AGV车、完备的配套和配送系统。

可视化管理系统：现场可视化系统、ERP与MES无缝融合的信息管理系统、工作现场的固定和移动终端。

技术支持：质量保障、生产现场问题应急处理。

脉动装配生产线改变了传统装配模式，作为先进制造技术的典型代表，有其独特的优势：首先，由于整条生产线分工明确细致，工作量单一重复，生产效率比较高；其次，生产线上配备了专业的自动化设备和先进的供给线，自动化程度高；最后，装配线过程流畅，不会产生挤压或脱节。但是单一、重复及固定的生产模式无法有效适应需求多变、机型多、产量少的战术导弹生产现状。

（2）先进光学制造技术

单点金刚石车削工艺基于先进的传感器技术，利用硬度极高的金刚石车刀对被加工工件进行精确的表面去除加工，克服了硫系玻璃元件加工难题，可在硫系玻璃材料表面实现超高精度光学表面的加工，实现非球面、衍射面、自由曲面在硫系玻璃元件上的应用。

随着装备制造技术的不断发展，高速抛光机逐渐取代传统的低速抛光机，实现对球面光学元件的高效率加工。对于直径 30 mm 左右的常规红外镜片，应用高速抛光机可将单个球面加工时间缩减到原来的 1/5，同时，实现极高的产品一致性，为红外镜片的大规模稳定加工提供了坚实的保障。除进行球面磨抛加工外，高速抛光机还可通过各类加工附件的配合，对非球面元件进行精密抛光，进一步减小车削光学元件的表面粗糙度，满足更精密应用场合的使用要求。

某项目红外镜头首片元件为一个中间开孔的硫系玻璃透镜。硫系玻璃作为一种新兴的红外材料，因其优异的光、热特性，可在测温、安防、制导等热成像领域进行应用。将硫系玻璃加工成各类光学元件，如透镜、分光镜等，或在硫系玻璃透镜中央开一个圆孔，实现红外/激光/白光/毫米波共光路结构设计，可大大减小复合制导组件的体积，同时提升复合制导的效率。然而，由于硫系玻璃的力学性能偏软、软化温度低，传统低速抛光工艺并不适用于硫系玻璃的加工，严重制约了硫系玻璃元件的广泛应用。拿到镜片毛坯后，首先使用单点金刚石车床对该元件前后非球面表面进行车削加工，成型后通过高速抛光机对表面进行精密抛光，得到符合设计需求的异形红外透镜。

3.4.6 新测试技术

新测试主要从生产制造过程角度，着眼于减少测试过程中消耗，达到低成本化目标。

新测试技术主要为自动测量技术，其主要基于计算机技术、自动控制技术等，通过自动测试设备完成精确制导弹药、部（组）件、零件等测试。相比传统的人工测量，自动测量技术可节省大量的人工工时，并可减少人为因素导致的测量误差过大、错误等问题，大幅提高测量效率和质量。应用自动测量技术过程中，主要从以下几个方面考虑：

（1）面向自动化测量的结构设计

采用自动化生产线开展总装和出厂时的机械物理量、电气性能测量，基本实现无人化操作和检测，生产装配效率提升 30%，并且提高总装和测量的自动化水平及安全性。

（2）开展自动化测量，提高装配效率

在弹体上设计可被自动化测量识别的统一基准，采用自动化生产线进行总装和出厂时的机械物理量、电气性能测量，提高总装和测量的自动化水平。采用等节拍方式设计每个环节的装配工艺，各条生产线合理设计部件装配流程，形成流水作业，避免出现“瓶颈”环节的现象；控制单个装配体中的零件数量和装配环节，并行组织部件装配，加速装配过程。针对直接测量程序复杂、效率低的问题，在自动化生产线上设计间接测量，通过自动化识别弹体上的特征参数，间接测量出厂时的部分物理量。例如，过轨力的测量，直接测量力的大小的操作较为复杂，采用对滑块位置的测量换算得出过轨力的大小，工作量会大幅降低。

以导引头为例。设计导引头时，综合考虑产品的可测试性，采用全数字化电路设计，利用自动化测试校准设备完成光电探测系统和导引头总体的测试与数字校正，总装总调效率提高 30%，极大地减少了研制、测试、生产周期。图 3－14 所示对测试系统提升效果进行了对比。

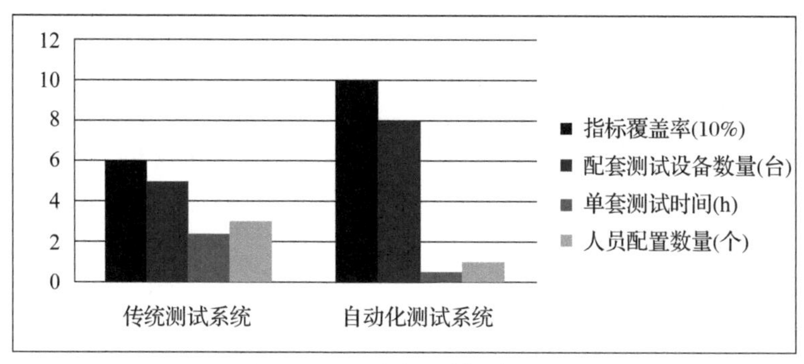

图 3-14　测试系统提升对比

（3）合并检验工序，缩短生产周期

将电子舱的单板检验合并至电子舱部件检验，可节约检验时间约 1 h。将导引头整机性能自检、厂检合并，可节约检验时间约 4 h。

3.5　本章小结

本章主要对精确制导弹药低成本化技术与方法进行了介绍，首先对精确制导弹药的组成及功能进行介绍，然后给出了低成本化总体思路，最后对低成本化技术途径进行了详细介绍。

第4章
精确制导弹药低成本化管理方法

4.1 概述

研究高效的低成本管理模式，从团队管理、配套质量/服务保障管控、采购/试验/制造模式改进等方面构建低成本研发生态圈，是践行低成本化的另一关键。精确制导弹药的管理主要由军方和企业两个主体具体实施。其中，军方作为武器装备需求方，是低成本化管理的最关键主体力量，主要由军方各级装备管理单位实施；企业是武器装备供应方，是低成本化管理的具体实施主体力量，主要由企业研制和生产等单位实施。

4.2 低成本装备采购策略

装备采购指的是军队订购装备和获取服务的活动，其基本任务是依据装备建设的方针政策，科学制订装备采购计划，以合理的装备采购价格采购性能先进、质量优良、配套齐全、服务一流的装备和相关服务，保障军队作战、训练和其他各项任务的完成。装备采购是调整/补充/完善军队装备体系结构、数量规模的必要手段和重要环节，具有采购资源配置的计划主导性、采购市场主体与竞争的有限性、市场管理的集中统一性、市场供求的平战差异性和采购行为的高度保密性等特点。装备采购计划通常分为中长期装备采购计划、年度装备采购计划和专项采购计划，是实施装备采购的依据。低成本装备采购策略指的是在装备建设过程中，充分贯彻落实低成本发展理念，建成适应未来作战、与国家经济实力相匹配、经济性好、效费比高的装备体系、采购策略和采购制度等。主要体现在以下几个方面。

1. 建立适应未来战争的装备体系

在装备体系规划方面，加大体系评估力度，优化装备体系构成，在制定装备发展规划过程中，完善规划的前端论证审查制度、需求提报制度，通过强化经济性迭代论证和阶段性审查把关，避免作战需求实现路径的决策失误、重复建设，少走发展弯路，减少重复订购和浪费。

一是统筹不同兵种之间同类装备发展。科学规划不同兵种装备的发展路径，合理选择发展方向，减少重复投入。例如：2020 年 3 月，美国空军取消了“高超声速常规打击武器”项目，其主要原因是该项目采用与陆军、海军项目相同的滑翔体，被美国拨款委员会质疑存在与其他军种重复建设问题。

二是统筹同一兵种内部不同装备发展的优先顺序。通过合理安排发展方向和先后顺序，追求较少经费投入，实现作战效能最优。

三是统筹同一作战需求的不同装备实现路径。通过实现路径的最优化选择，在确保作战效能的同时，减少重复建设，提升经费投入产出比。

四是统筹同型号装备的订购数量需求。建立需求提报制度，避免因情况掌握不清，决策错误而导致超额盲目订购，避免库存积压和损失浪费。

2. 建立适应于训练和作战需求的采购策略

装备不同于传统商品，其使用时机与订购数量随着国家、军队和外部环境等情况变化而变化。一般而言，平时使用和训练次数少，装备消耗量小；战时使用和训练次数多，装备消耗量大。因此，为了更好地统筹保障平时和战时的装备保障需求，应建立适应于不同阶段装备使用特点的装备采购策略，最大限度提高装备建设经济性。

一是批量阶梯降价策略。批量采购能够突出订购规模优势，便于企业大批量采购元器件、原材料，以及组织生产，从而大幅降低元器件、原材料等采购价格，并大幅提升生产效率，降低生产成本。同时，批量采购能够为优化装备验收策略创造条件，为降低验收成本提供基础。

二是价格动态调整策略。武器装备的使用特点决定了其采购策略应是随着平时和战时的需求变化而变化，军方需求量决定了采购量，当采购量少时，采购价格偏高；当采购量大时，采购价格回落；同时，当需大批量应急采购时，采购价格应特事特办，专门研究。

三是竞争性报价策略。随着装备研制与生产单位执行“双流水”或“多流水”策略，建议调整固定比例的订购策略，执行竞争性报价策略，即企业报价低、产品质量好、服务好，其订购数量应增大，从而引导企业提质降价。

四是降价激励策略。鼓励企业自行降价，并通过调整利润、减少税收、提高采购数量等方式，将降价空间产生的利润回馈企业，提高企业的利润率，激励企业开展产品降成本活动，鼓励企业提质降价。

3. 建立适应于科技发展的采购制度

现代战争装备的技术含量越来越高，任务越来越重，对国家整体的经济与科技实力的依赖性也越来越大，仅靠国营的军工企业和军队难以满足战争的装备研制生产、物资保障供给、技术开发应用等需求。因此，一个大国要想成为军事强国，必须加强国际军工合作，以及国家内部的军队和民间的战争能力结合。建立一套平时以国家经济建设为主，兼顾服务于国防建设，战时为赢得战争服务的整合国家、军队和民间的工业化组织体系。

随着社会和科学技术的快速发展，武器装备的复杂度越来越高，技术攻关难度越来越大，任何一个国家单独攻克所有关键技术，并成功转化为武器装备都是相当困难的。武器装备领域的全球化趋势越来越明显，国际军工合作逐渐成为各国竞相采用的武器装备采购方式。国际军工合作指的是国家之间在军事工业生产领域进行的技术和生产的分工合作。在技术和经济领域，国际军工合作有利于合作各方扬长避短，联合攻关，利益共享，在更大国际军贸市场竞争中处于有利地位，避免不必要的重复研制和重复生产，从而取得更好的经济、军事和政治效益。比如：国际著名先进导弹武器系统设计制造公司——欧洲导弹公司是一家由英国、法国、德国和意大利四国联合组成的导弹武器供应商，该公司研制了MMP反坦克导弹、“紫菀”防空导弹等诸多世界知名武器装备。

此外，在精确制导弹药技术领域，各项技术快速迭代，发展迅速，但技术转化为武器装备，并列装部队，形成战斗力的周期较长。为解决技术快速发展与战斗力生成周期较长的矛盾，世界各国均应用了不同的采购策略，其中以美国最为有效。比如：车载发射的“陶”反坦克导弹的许多先进改进型也没有大量列装，其先进的“掠飞攻顶”型早已研制成功，但现在美军仍然只采购相对落后的最基本型号。直升机载“海尔法”空地导弹也一样，美军主要采购基本型的“海尔法”导弹，而先进的“长弓海尔法”却很少采购或不采购。我们分析：先进的“陶”反坦克导弹与其基本型在作战使用上没有太大差异，“海尔法”导弹及其改进型在作战使用上没有太大差异，而基本型已经能够对付美军当前面对的敌人，训练成本也较低，一旦敌人十分强大，美国有能力快速、大量生产先进的“陶”和“海尔法”导弹。不储存或少储存先进、昂贵的装备，而是储存这些先进装备的技术、生产能力与使用技能，这就是美国人对先进武器装备的“储存”方法。“有而不用”是因为未遇强敌，否则，“无所不用其极”。美国人很懂得“储存”。储存“旧货”，当战争需求迫切而使用条件又成熟时，拿出来使用；储存“新货”，保证会生产、能生产、会使用，可以“有而不用”，不能“用而没有”。储存的目的：省钱、省力、省事。

4. 建立装备低成本价格工作机制

装备价格是影响、制约乃至左右装备建设整体效益的基础性、关键性要素。单件装备的成本决定单件装备的价格，单件装备的价格影响装备建设整体成本。因此，应该把装备价格经济性摆在与装备性能先进性、质量可靠性同等重要的位置，围绕提高装备现代化建设质量效益，持续深化改革，构建新体制下以成本分析为基础、以军事需求为导向、以竞争为核心、以调控为手段、以监管为基础，具有我军特色的装备价格全面管控体系。

一是推动完善单一来源装备价格机制。当前，单一来源采购仍是装备采购的主要方式。应持续推动装备价格机制改革，建立完善全程管控、激励约束议价和成本议价为主要方式的单一来源装备价格机制。①探索需求导向定价模式。着眼于构建以军事需求为牵引、以体系贡献率和效能增长率为基准的“需求导向型”价格生成模式，在软件计价基于需求导向定价实践经验基础上，推动形成以研制立项和目标价格论证为载体的需求导向定价机制。②强化立项经费论证审查。论证阶段，深入开展立项方案的经济性论证，充分开展订购目标价格论证，强化立项方案和概算的评审审查，助推立项方案的经济性优化，提高订购目标价格方案的科学性。③加强研制过程成本监控。加快制定研制过程成本监控工作程序，明确各环节具体要求。承制单位按照合同约定和有关规定，向有关机构报送成本开支计划、降低成本的管控措施和实际成本开支情况，军方按制度程序和有关标准开展审查把关，监督总承包单位对分承包项目开展竞争择优，并把目标价格实现情况作为审查的重要内容。④优化订购价格审核评审。建立主要承制单位基本信息、承担装备任务和相关成本信息向价格审核机构的年度报送制度，明确报送范围和格式要求，作为制定价格审核标准和策略，开展价格对比分析的基础。创新价格调整机制，引导承制单位主动降价，对主动控制成本并提出降价的承制单位实施激励约束议价，对主动控制成本部分给予一定比例激励，激发承制单位成本控制动力。强化价格方案评审审查，推动装备价格方案的科学性和合理性，有效控制装备价格水平。

二是推动完善竞争性采购装备价格机制。当前，我国已建立和逐步完善了社会主义市场经济体系，为解决武器装备计划属性与市场经济采购的矛盾，我们认为，解决精确制导弹药成本过高问题的最终出路在于竞争。应完善以市场为导向，以竞争议价和征询议价为主要方式的装备采购价格机制，通过竞争促进企业降低成本和价格。①推行分类、分层次和一体化竞争。以新立项装备研制项目为重点，探索建立总承包与分承包相结合的分类分层次竞争制度，装备综合论证报告应对装备总体、主要分系统、部件等开展竞争性采购的可行性进行综合评估，明确一体化竞争策略，军方按合同约定监督总承包单位开展对分承包项目的竞争择优，努力扩大竞争议价范围。②落实竞争性采购负面清单制度。细化完善装备竞争性采购负面清单和竞争类装备产品目录，定期更新单一来源和竞争性采购范围，实行动态管理。③优化竞争环境。优化制定装备招标管理、竞争失利补偿等管理规定，进一步规范竞争议价程序、评价方法和标准，杜绝虚假竞争、恶意竞争。④精心制定竞争性采购价格控制方案。充分开展国内外、军民品以及历史价格的市场调研，开展综合对比分析，科学合理测算确定潜在承制单位最高报价，通过总价控制，推动提高竞争采购效益。

三是持续夯实装备价格基础。针对当前价格基础性工作历史欠账多、底子薄等现实问题，进一步加大研究推进力度，尽快打牢工作基础。①深化问题研究。重点结合改革试点探索，深入研究影响和制约装备低成本发展的各环节、各阶段重难点问题。开展装备价值量化、价格法规细化、价格标准具体化、价格对比和动态调整研究，尽快形成装备价格理论体系。②构建标准体系。制定装备报价资料完整性标准、数据真实性标准、报价诚信度监管标准和企业成本管控体系军用标准，确保报得“实”；制定装备价格论证、审核技术标准，统一审价尺度，推进审得“好”，不断提升装备价格工作规范化水平。③创新方式方法。积极运用大数据、人工智能等新技术，丰富完善价格数据库。开发装备价格评审审核专家协同系统，推进评审审核工作流程高效化和成果形式规范化。优化完善价格评审审核数据查询和辅助决策软件，提高装备价格信息化/智能化/精细化水平，提升装备价格评审审核质量效率，推动装备价格工作快速、健康发展。④重塑诚信体系。细化相关法规约束，明确合同总承包单位和分承包单位向军方价格审核及成本监控机构真实、完整提供军品科研生产成本数据的义务，确保军方与承制单位拥有同样的成本相关信息，为公平开展价格协商创造必要条件。研究制定装备价格信用评价标准，明确激励处罚措施，发挥资格审查、竞争择优、价格管理部门合力，实现装备报价诚信体系的根本性重塑。

4.3　低成本项目研制生产管理

4.3.1　创新项目管理模式

传统武器装备科研管理模式注重技术和指挥两条主线，管理的最核心目的是解决按期按指标完成装备研制并列装定型，主要关注点在于技术攻关和按期完成，在经济性方面则有所欠缺，以致经常造成“涨经费、提价格”等问题。为彻底解决上述科研管理模式的弊端，首先调整传统科研项目任职团队管理办法，在传统技术研发团队的基础上，新增管理组、技术专家组，涵盖财务、质量、物资采购、工艺、生产等人员，打破部门界限，构建“双师”管理下的技术、质量、成本、进度融合管理研制队伍，解决传统研发团队管理职能分裂，对技术、质量、进度关心多，对成本关注度低的问题。技术专家组负责项目研发全过程中的方案评审、设计评审等，有效避免临时邀请的技术专家对项目不熟悉，评审效率不高的问题。

落实低成本发展理念，突出成本控制在装备研制和生成过程中的核心作用，制定成本控制的相关规范，将目标价格作为经济指标纳入各分系统、部件设计技术要求中，并在技术方案报告中明确规定低成本设计方案章节内容或独立形成成本设计报告，实施限价设计。图 4 –1 展示了项目管理中关于成本控制的相关规范。同时，在部件或分系统的《方案设计报告》评审中，实施价格方案与技术方案同步评审，实现产品价值最优。

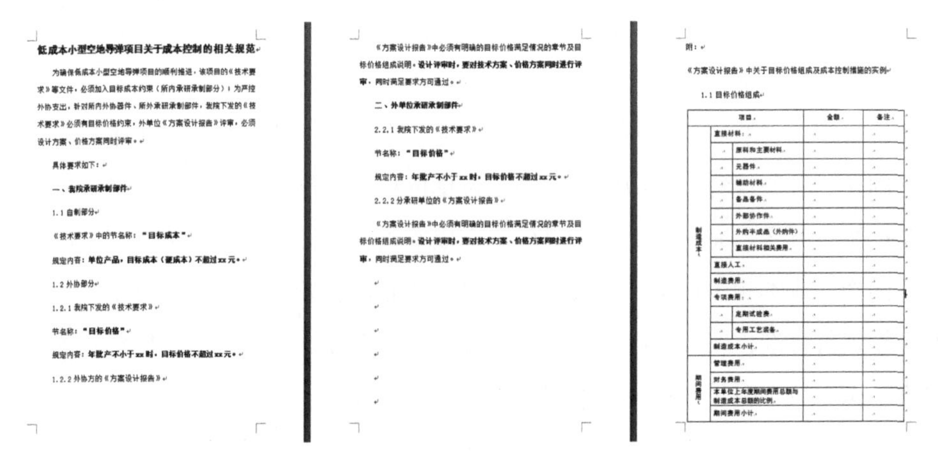

低成本小型空地导弹项目关于成本控制的相关规范

为确保低成本小型空地导弹项目的顺利推进，该项目的《技术要求》等文件，必须加入目标成本约束（所内承研承制部分）；为严控外协支出，针对所内外协器件、所外承研承制部件，我院下发的《技术要求》必须有目标价格约束，外单位《方案设计报告》评审，必须设计方案、价格方案同时评审。

具体要求如下：

一、我院承研承制部件

1.1 自制部分

《技术要求》中的节名称：“目标成本”

规定内容：单位产品，目标成本（硬成本）不超过 xx 元。

1.2 外协部分

1.2.1 我院下发的《技术要求》

节名称：“目标价格”

规定内容：年批产不小于 xx 时，目标价格不超过 xx 元。

1.2.2 外协方的《方案设计报告》

《方案设计报告》中必须有明确的目标价格满足情况的章节及目标价格组成说明。设计评审时，要对技术方案、价格方案同时进行评审，同时满足要求方可通过。

二、外单位承研承制部件

2.2.1 我院下发的《技术要求》

节名称：“目标价格”

规定内容：年批产不小于 xx 时，目标价格不超过 xx 元。

2.2.2 分承研单位的《方案设计报告》

《方案设计报告》中必须有明确的目标价格满足情况的章节及目标价格组成说明。设计评审时，要对技术方案、价格方案同时进行评审，同时满足要求方可通过。

附：

《方案设计报告》中关于目标价格组成及成本控制措施的实例

1.1 目标价格组成

项目			金额	备注
制造成本	直接材料：			
		原料和主要材料		
		元器件		
		辅助材料		
		备品备件		
		外部协作件		
		外购半成品（外购件）		
		直接材料相关费用		
	直接人工			
	制造费用			
	专项费用：			
		定期试验费		
		专用工艺装备		
	制造成本小计			
期间费用	管理费用			
	财务费用			
	本单位上年度期间费用总额与制造成本总额的比例			
	期间费用小计			

图 4 –1　项目管理中关于成本控制的相关规范

4.3.2　构建科研全流程的科研成本管控

立足于科研全流程，从项目申报、立项、研制、验收或定型四个阶段入手，形成各阶段及子流程中可以采取的成本管控方法，从顶层系统谋划科研成本管控体系，并组织经营、财务、业务处、主要技术部等部门进行研讨，构建基于科研全流程的成本管控体系。从严控项目立项、加强成本分解与审查、降低设计成本、降低外协外购成本、提高资源利用效率、加强预算管理、降低人力成本、降低成本管控压力等方面明确科研成本管控的措施和内容，制定成本管控实施方案，为项目低成本化有效推进提供了支撑。

4.3.3　实施多供应商模式

坚持军民融合发展，在外协配套单位确定过程中，引入优势民营企业，打破原有体系内部配套、传统固定配套的格局，充分利用市场竞争机制，开展竞争性谈判及比质比价，降低外协成本。加强对主要外协部件的采购成本进行分解和统计，重点对电子元器件及外协件采购价格清单进行分类梳理，根据梳理结果寻找出单个价值较高、与同类产品对比价格偏离度较大的外购外协类产品，明确其供货单位，形成该项目外协成本控制方案。依据外协成本控制方案，与供方开展专项比价、谈价工作。

针对外单位承研承制部件，明确目标价格约束，并制定外协产品报价明细表等文件和模板。针对发动机装药、导引头等关键薄弱产品，实施“双流水”或“多流水”供应商，选择两家及以上供应商同时进行外协配套，进一步确保价格更优、进度更快、质量更好。

4.3.4　强化量化管理与风险管控

1. 完善顶层策划，建立与实施低成本质量管控特点的质量管控流程体系

明确“低成本、大规模”协同质量管理目标，构建协同质量管理框架。根据框架，梳理协同质量管理流程，规划协同质量管理系统，确定部件质量发展战略，分解组织量化目标，构建内嵌流程型的组织管理机构，构建组织量化管理系统。制定组织量化目标，分解组织量化项，建立部件标准研发量化过程，应用纵－横分解法，实现软件研发量化过程，构建产品实物质量量化考核方式——部件检验验收终极管控。形成《研制质量控制要求》《质量管控流程体系建立与实施》《质量保证大纲》《图样和技术文件签署规定》等质量管理文件，从体系制度上有效保证项目的研制。

2. 量化开发过程，实现软件研发向高绩效转型

积极开展质量量化控制研究与实践，探索建立产品各研制阶段各关键要素的量化控制要求和具体量化控制工作流程，避免质量体系要求不系统、不一致的矛盾，解决质量检查确认工作不全面、效率低的问题。另外，通过量化控制记录的规范应用，为开展量化评价，以及直接、有效地反映产品质量和工作质量提供数据支撑，完善质量保证体系，提高质量工作效率。编制《软件质量保证大纲》《软件工程管理规定》，有效控制软件研制质量。

3. 建立量化过程资产数据库，缩短研制周期

建立组织资产数据库，应包含组织标准工作环境库、组织测量库、组织风险库、最佳实践库、重用构件库五个方面。过程管理平台与组织资产数据库相互支持，相互补充，设计人员能够将经过确认、功能成熟的技术文档、代码、架构、

经验和缺陷等数据和信息上传至数据库。同时，设计人员也可从资产数据库查找所需资料应用于需研发的产品中，通过这些交互实现经验数据的积累挖掘以及历史数据的充分利用，实现资源间的充分共享、人员间的协同合作。研发进程则通过相互反馈不断优化、改善，初步具备自学习、自成长、自适应的能力，有效提高研制质量。

4. 加强研发的风险管控和持续改进能力

以过程量化为基础，实现对质量管理体系过程的监视测量。通过梳理研发过程的质量审核要素，构建突出重点过程的质量审核量化要求，将过程有效性的评价重点放在“对产品实物质量的影响程度”上，以检验验收驱动产品开发。充分发挥总体单位优势，制定详细的检验验收规范，牵引配套单位验收工作开展，保证武器系统的质量。在具体项目研制过程中，针对系统、部件的不同技术特点、技术状态控制情况、以往产品交付情况等因素，逐项进行验收的风险评估，在保证质量受控的情况下，简化验收流程，提升验收效率，缩短验收时间，降低验收费用，提升人员的工作效率，很好地贯彻低成本的项目特点。

4.3.5 构建低成本元器件管控体系

1. 制定元器件选用经济性要求

经济性是装备研制的重要指标，选用元器件时，以质量保证为前提，筛选出经济性好的产品，降低装备成本。

一是在满足总体战技指标、质量与可靠性的前提下，识别出关键单机和关键元器件，对元器件的各项技术参数进行综合分析，简化系统和电路；

二是在武器系统层面上开展元器件统型，压缩元器件品种及规格，形成元器件采购批量效应；

三是在保证供货渠道畅通的条件下，引入工业级、汽车级产品，选用符合标准化、系列化、通用化要求和可靠性水平高的货架元器件产品，技术成熟，价格低廉，实现成本可控；

四是根据弹上使用环境要求，制定低成本军筛级元器件规范，与元器件生产厂家签订低成本军筛级元器件采购协议，对元器件试验条件进行适当删减，降低元器件成本；

五是针对国产电子元器件，合并电子元器件一次筛选及二次筛选；

六是针对进口工业级、汽车级电子元器件，建立元器件筛选数据库，对连续3 年批次筛选失效率低于 0.5% 的元器件免做筛选试验；

七是结合应用条件增加板级筛选试验进行质量控制，降低试验成本。

2. 制定元器件低成本质量控制要求

元器件选型由型号优选目录进行控制，对超目录元器件严格审批；元器件选型后，国产产品委托厂家进行一次筛选和二次筛选试验，进口元器件连续 3 年批次筛选失效率低于 0.5% 的免做筛选试验，其余进行二次筛选；验收合格后，进行板级筛选考核。

3. 形成低成本电子元器件选用规范

根据元器件选用经济要求及低成本质量控制要求，参考各类别元器件通用规范，编制低成本电子元器件选用规范。对半导体集成电路、混合集成电路、电容、电阻、电感磁珠、继电器、石英晶体等类别的元器件在生产过程中的筛选和质量控制进行规定，并与厂家进行沟通，签订低成本元器件采购协议，有效降低元器件采购成本。

4. 统筹管理元器件筛选，提高筛选效率，降低筛选费用

利用大数据和信息化管理手段，根据年度订购任务要求，统筹管理军各企业间的元器件筛选要求，按照“同类、同批、同要求、同时间”的四同原则，将各装备生产所需的电子元器件统一筛选，最大限度减少重复筛选，一方面提升元器件筛选效率，降低元器件筛选费用；另一方面降低元器件筛选试验费用，减少筛选试验箱损耗，提升试验经费使用效率。

4.4　低成本检验验收方法

精确制导弹药属于高价值军工产品，具有价格高、订购量大、订购经费大等特点。通常，为了最大限度降低供应商和采购方的风险，合同多采用分批交付方式履行，每批生产数量一般较少，并且多为孤立批生产。因此，精确制导弹药的检验验收具有抽样试验风险高、费用高、组织实施周期长等弊端，当前，对精确制导弹药产品的检验验收方法多采用一次抽样检验和二次抽样检验方法。随着国

家经济、技术和社会的快速发展，精确制导弹药的技术复杂程度和成本越来越高、订购数量越来越大，检验验收费用和工作量大幅增加，与此同时，产品的批量却依旧很小，而传统的检验验收方法和组批方式已经不适用于批量较大、组批次数较多、费用消耗较大的精确制导弹药产品检验验收，因此，迫切需要解决组批、抽样等理论问题，迫切需要创新研究方法和研究手段，实现在保证质量的前提下尽可能减少检验的样本量。

4.4.1 优化订购组批策略，提高批数量，减少批次数

在精确制导弹药生产企业里，生产批次与批量对成本影响很大，为了降低战术导弹成本，应该深入分析与研究生产批次、批量和成本之间的关系。当前，鉴于精确制导弹药采购量不大，组批生产批量较小，通常不大于 280 发，一般为 150~200 发，随着国家经济实力不断增强，精确制导弹药订购量不断提高，传统组批方法暴露出生产周期长、试验消耗大、生产管理复杂等弊端。比如，GJB 3645—1999《反坦克导弹检验验收规则》中关于批量的标准是：提交批批量应符合产品技术条件的规定。本标准推荐选用下列批量范围：①关键件、重要件的批量不大于 1 200 发；②部组件的批量不大于 500 发；③成品的批量不大于 280 发。若按照这一标准，年订购数量为 3 000 发的情况下，需组 10 批以上数量，由此导致生产组织、生产周期、检验验收、试验消耗等急剧增加，生产效率严重降低。比如：某型导弹年度订购量 3 000 发，按照传统组批方式，为 150 发/批，共需 20 个批次，批次数量大、单批次数量小，将导致生产、检验等成本急剧上升。

通常，精确制导弹药合理的生产批量（L）与年度订购总量（P）、批次生产调整费用（F_t）、单位成本（C）、批验收导弹消耗数量（n）、企业借款利息率（l）等因素有关。其相互关系是：

$$L=\sqrt{\frac{2P(F_t+nC)}{Cl}}$$

假设对于某型战术导弹，其年度订购量为 3 000 发，单位成本 $C=500\ 000$ 元/发，生产调整费用为 $F_f=50\ 000$ 万元/批次，企业借款利息率 $l=0.08$。从成本控制角度，其合理生产批量为：

$$L=\sqrt{\frac{2P(F_t+nC)}{Cl}}=\sqrt{\frac{2\times 3\ 000\times 25\ 000\ 000}{500\ 000\times 0.08}}=618(\text{发})$$

而传统的战术导弹生产检验批数量为 150 发，此数量是按照传统抽样方法得出的，仅考虑军方和企业双方质量风险，未充分考虑成本控制的方法。基于此，在检验生产过程中，应增强成本控制意识，优化订购组批策略，提高批数量，充分利用大数据、小子样等理论，优化、贯彻执行国军标力度，最大限度提升检验验收效率、降低检验验收消耗。按照国军标规定，连续批次质量稳定后，可执行宽松批检，加大产品组批数量，提高生产效率，并减少或取消中、小部件的验收数量或验收项目，在后续组装大部件或成品后一次验收考核，以缩短装备周期，减少试验消耗，降低弹药成本。

4.4.2　优化产品抽样策略，减少试验样本量

从降低检验验收过程中试验样机消耗量角度来看，应积极采用大数据、新算法等方法，优化传统验收方法，降低验收成本。

1. 基于贝叶斯理论的抽样方法

军品验收费用控制系统中，寻求合理的抽样样本量是军品验收费用控制的关键。合理样本量，即在保证质量检验标准不降低的前提下进行合理控制并减少后的军品抽样数量。军品质量检验验收过程中，首先要通过对军品进行一定量的抽样，该抽样样本量的大小直接决定了该军品检验费用的多少。为了减少军品质量检验验收费用，减少检验抽样样本量是最简洁的途径。但若盲目地对样本量进行缩减，反而会对质量检验标准产生影响，降低样本检验准确率。

（1）贝叶斯点估计

精确制导弹药在设计定型前，需进行大量的性能试验，这些试验结果为评定产品的可靠性提供了一定的信息。贝叶斯方法就是充分利用鉴定试验前的可靠性信息，合理地确定可靠性鉴定试验方案，从而达到减少试验用弹量的目的。

贝叶斯方法认为产品的可靠性是一个随机变量，试验前后其概率密度分布函数是同一分布族，并且其概率密度函数分布属于 β 函数。即，试验前已知信息为不合格率 p'、合格判定数 A_c 和研制方风险 α，认为不合格率真值 p_0 在 $[0, p']$ 内等概率出现，则用以下方程可求出 n，得到抽样方案（n/A_c）。

$$\frac{\int_{p_0}^{p'} C_n^{A_c}(1-p)^{n-A_c}(p)^{A_c}dp}{\int_{0}^{p'} C_n^{A_c}(1-p)^{n-A_c}(p)^{A_c}dp}=\alpha$$

GJB 349.31—1990 中，贝叶斯点估计值表述为：

$$\bar{R}_B=\frac{s+x_0}{N+N_0+x_0}$$

式中，s 为定型试验的成功数；N 为定型试验的有效数；x_0、N_0 由下式决定：

$$\begin{cases}\dfrac{x_0}{x_0+N_0}=\dfrac{k}{m}\\ \dfrac{(x_0+N_0-1)(x_0+N_0-2)(x_0+N_0-4)}{(x_0-2)(N_0-2)}=\begin{cases}\dfrac{NW}{\dfrac{s}{N}\left(1-\dfrac{s}{N}\right)} & (s\neq N)\\ N^2W & (s=N)\end{cases}\end{cases}$$

式中，k 为工厂鉴定试验成功数；m 为工厂鉴定试验有效数；W 为验前信息相对重要性，若两次试验中试验条件和产品状态完全相同，可取 $W=1$，否则，小于1。

（2）贝叶斯区间估计

贝叶斯置信下限 RLB 可由下式求出：

$$\int_0^{\mathrm{RBL}}\frac{1}{B(X_0+s,N+N_0-s)}\theta^{X_0+s-1}(1-\theta)^{N+N_0+s-1}d\theta=\alpha$$

$$B(a,b)=\int_0^1 X^{a-1}(1-X)^{b-1}dX$$

贝叶斯点估计和置信下限估计计算方法比较复杂，当没有验前信息时，与经典评估方法相比，可以用试验数减1，失败数减1，即 $n'=n-1$，$f'=f-1$，然后查二项分布表，得出可靠性置信下限，或者反求之。即贝叶斯方法置信下限 RLB 与经典法置信下限 RLC(N,f) 有如下式关系：

$$\mathrm{RLB}(N,f)=\mathrm{RLC}(N-1,f-1)$$

与经典的成败型评估方法相比较，贝叶斯方法试验用弹量明显减少；或者有相同的试验结果时，一般可评估出较高的可靠性。

2. 基于大数据的检验验收方法

在大数据时代背景下，大数据已经成为重要的国家战略资源，对社会经济发展产生了深远影响。可以运用大数据思维、技术和方法积极推进精确制导弹药检验验收，加大大数据在生产过程中检验数据生产、处理、交换和应用等各个环节力度，构建起适应大数据时代的现代化检验验收模式。

当前，生产检验与前期生产、使用和售后等过程独立，没有与生产和使用过程中的问题及故障等关联，无法有效利用研制和生产历史积累的先验数据，不能有效提高生产检验过程中对质量问题的过滤率。运用大数据理论，可以将研制、生产、测试、用户反馈和历史信息等数据充分利用起来，把同类产品各种问题根据类型、严重程度、发生频率和定位，以及潜在危险等设定相应的指标，并依据各项指标生成最优化的检验方法，使有限的企业检验验收资源得到充分利用，最大限度提高检验验收效率，减少检验验收消耗，降低检验验收成本。

1）大数据理论的特点

大数据理论是利用已经存在的大量数据并从中找出事物的相关性，从而更好地、针对性地解决问题。

（1）全面性

大数据提供了生产、检验和使用者反馈的所有数据，通过这些数据分析可以掌握全寿命周期的质量信息，指导后续产品检验验收，预防故障产品漏检。

（2）指导性

运用大数据理论，可得到检验验收过程中对故障的检测率、零部件可靠性、企业总装总调技术水平等一系列先验数据，这些数据可通过算法精准提高对故障产品的拦截率。

（3）精准性

大数据理论是通过统计分析将战术导弹全寿命周期内的质量问题归类，并通过算法找出质量问题的相关性，预估质量问题，为检验验收提供精准指导。

2）运用大数据理论检验验收方法

应用大数据理论的前提是全寿命周期内的各类型数据按规定格式进行积累与统计，比如：在研制过程中，需要不断积累原理样机、工程样机、性能鉴定样机等试制和试验数据；在使用过程中，需要不断积累贮存、检测和维护、使用故障和使用效果等数据；另外，上述数据需要按规定的格式进行统计与归纳，并汇聚成数据包，便于数据使用与分析。在掌握各阶段、各类型数据的基础上，可以根据数据来源及类型，通过点、线和面检验验收方式，充分运用大数据理论，针对性地开展检验验收方法优化，提高检验验收效率，降低检验验收周期和费用。

精确制导弹药全寿命周期内，应充分积累研制、生产和使用过程中发生的各类故障数据，包括同型装备和同类装备两个维度，如图 4－2 和图 4－3 所示。

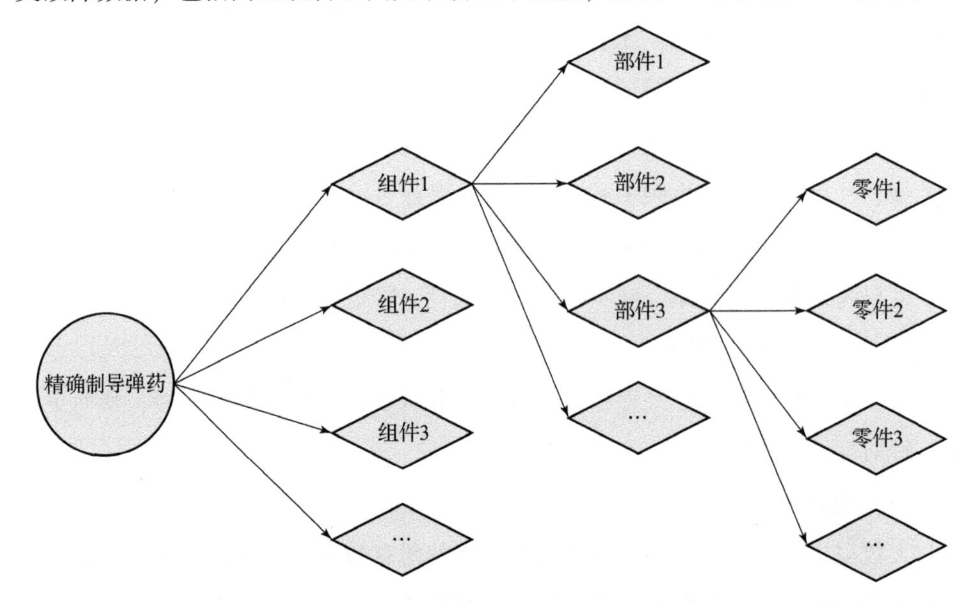

图 4－2　同型装备维度故障信息格式

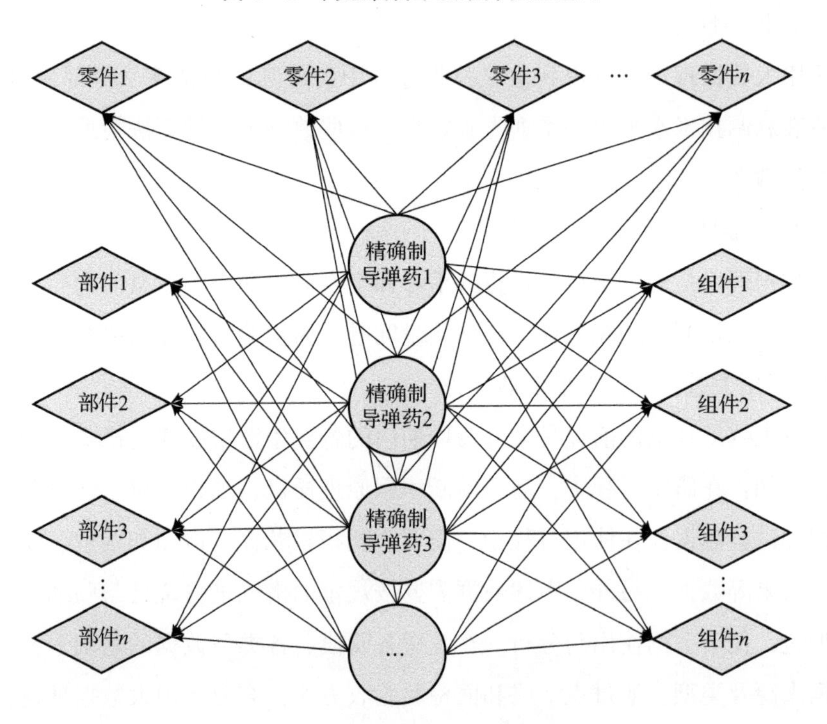

图 4－3　同类装备维度故障信息格式

（1）突出故障点

按照故障类型、危害程度、故障时机等规范，统筹建立各类型、各阶段故障数据库，便于开展同型装备质量追溯和同类装备故障定位，作为战术导弹生产检验验收先验信息，充分利用大数据理论分析相关故障信息，提高检验验收效率，并降低检验验收消耗。在生产检验过程中，可针对故障数据库中各个故障部位，结合该故障部位的生产积累数据，通过统计分析故障部位的类型、时机和危害程度等要素，重点检验故障部位，有针对性地开展故障部位的检验验收。

比如：某型精确制导弹药在研制过程中，关键部件舵机中零件电机曾发生过 2 次故障，从而导致飞行试验失败，尽管按照装备质量管理相关规定，开展了故障归零，但在后期精确制导弹药生产和使用过程中，陆续出现了 3 次故障。按照装备大数据库构建原则，该型战术导弹发生的上述故障相关数据均建立了故障数据库，并可进行相关数据处理。针对该型战术导弹的实际故障情况，在该型精确制导弹药检验验收过程中，加强功能、性能和环境适应性等试验，有针对性地对故障零件电机进行检验验收。

（2）对比各批次产品数据

在精确制导弹药订购合同签订后，军工企业将按照合同订购数量，与军方合同监管单位按照数量规模大小、双方风险、已生产批质量状况和试验消耗量等因素，确定生产组批数量和组批次数，并依据批数量确定检验原则和方法。在战术导弹生产检验过程中，可针对同一批次产品生产制造过程中积累的各零部件和组件数据，以及已生产交付产品的零部件和组件数据，按照零部件和组件由低级到高级的模式，统筹对比分析同一批次零部件和组件质量状态，并将所有数据进行可视化处理，以便更直观地判断各产品质量状况。

比如，某型精确制导弹药引信检验过程中，其各项性能指标和环境适应性要求均满足制造规范要求，但各引信质量偏差存在较大差异性，但该项指标未作为检验验收项目，未引起企业相关人员重视，导致引信质量偏差较大，均出现故障，直接导致导弹未能可靠起爆，影响了项目推进进度。

通过应用大数据理论，在产品加工制造过程中，采集该型引信相关数据，在产品检验验收过程中，结合已生产产品数据，对比分析待验收批产品所有数据，有助于更准确地把握该批产品质量状态，从而为更准确地检验验收故障产品提供依据。某型导弹某批次引信质量数据见表4－1。其对应的质量指标和实际引信质量对比如图4－4所示。由图可见，在该批引信生产过程中，某些引信产品实际质量偏离质量指标较大，尽管其性能和环境适应性等均满足要求，但质量管理人员应重视上述产品质量状态，加强出现质量偏差原因分析，力争将故障产品排除出交付产品。

表4－1 某型导弹某批次引信质量

编号	1	2	3	4	5	6	7	8	9
指标/g	65	65	65	65	65	65	65	65	65
质量/g	65	60	64	65	65	66	60	64	59

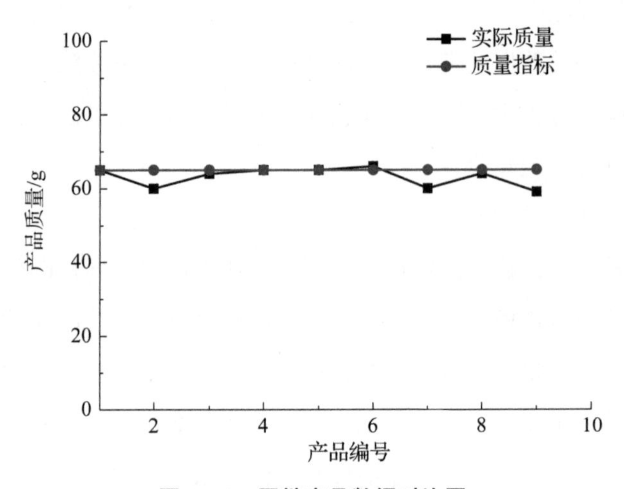

图4－4 同批产品数据对比图

（3）关联同一产品数据

在精确制导弹药组装试制生产完毕后，军方质量监管人员和军工企业双方按照已明确的制造规范、承担风险原则和组批交付产品数量等，确定产品检验验收抽样原则与方法。针对已完成抽样的产品，军方质量监管人员应重点查验抽样产品生产过程中的各种数据记录表，并按照突出故障点和对比各批次产品数据原则，对抽样产品的质量状态进行监控，确定抽样产品技术状态良好，满足校验试验要求。同时，军方质量监管人员可根据产品指标数据评估抽样产品各零部件和组件数据，生成抽样产品质量状态评估表或图，实现对抽样产品质量状态可视化，便于各方人员对产品质量状态进行把控。比如：某型战术导弹某批产品生产结束后，军方和军工企业可利用积累的生产过程数据，通过突出故障点和对比各批次产品数据，共同或独立对该批产品质量状态进行评估，生成质量状态评估表（表4-2），作为评价该批质量状态初始依据。

表4-2 某编号产品部件质量状态评估表

部件	1	2	3	4	5	6	7	8	9
结果	优	优	优	良	优	优	良	优	优

根据精确制导弹药结构与组成关系，按照产品-组件-部件-零件逐级分解原则，分别建立该型战术导弹产品-组件-部件-零件质量总体评估表，并按照建立的质量评估模型，综合评估该产品整体质量状态，作为评估该批次产品质量的依据之一。

4.4.3 统筹零件-部件-产品检验验收策略，减少样本量消耗

在生产武器装备过程中，可按照检验验收方式划分其种类，共有以下几种：一是功能性验收；二是性能验收；三是可靠性验收。其中，功能性验收主要考核在不同工作环境下，按照功能性指标要求，设置不同功能验证试验科目，并按照规定操作方法运行装备，观察装备功能是否合格。比如：在高原环境下，考核导弹观瞄发控装置是否具备搜索战场、锁定目标等功能，属功能性验收。性能验收主要考核在不同工作环境条件下，设置不同试验科目，按照不同试验统计方法，计算试验结果，并与相应的性能指标比较，从而确定装备是否满足性能指标要求。比如：在低温-40 ℃条件下，按照操作方法操作导弹观瞄发控装置，对特定目标实施射击，通过观察导弹是否能够正常发射飞行，考核导弹在-40 ℃低温条件下，是否正常工作。可靠性验收主要考核在不同工作环境下，综合导弹系统发射飞行次数与故障次数，并按照可靠性指标要求，比较导弹可靠性是否满足可靠性指标要求。

在生产过程中，总装单位通常按照二级、三级、四级等级别组织生产，各配

套单位均按照各自产品的制造验收规范开展部件或零件的加工与验收，在下级配套单位将产品交付后，上一级单位将再次按照对应的制造验收规范开展部件或零件的加工与验收，按照此种方式依次组织生产，直至完成生产任务。通过上述组织生产流程可以看出，部件或零件随着配套级别的降低，在生产过程中，其验收的次数将递增，配套关系越多，其重复检验验收的次数越多，从而造成验收消耗越大。比如：以环境应力筛选为例，《军械雷达装备高效环境应力筛选实验方法》作为环境应力实验依据，该标准中规定了装备元器件级、组件级和单体级三级环境应力筛选方法，即电子元器件首先需要按照国军标《军械雷达装备高效环境应力筛选实验方法》开展环境应力筛选，在将合格电子元器件加工成组件后，同样还需将组件按照军标《军械雷达装备高效环境应力筛选实验方法》开展电路板级环境应力筛选，最后，待单体加工完成后，依然需要按照军标《军械雷达装备高效环境应力筛选实验方法》开展部件级环境应力筛选。在上述过程中，电子元器件需经过多层级环境应力筛选，一方面，会造成电子元器件损伤；另一方面，元器件、组件和单体部件均需进行筛选，重复试验次数较多，也将造成巨大浪费。针对上述问题，解决措施如下：

1. 结合质量状态，优化试验项目

待连续批次质量稳定后，可结合生产过程中电子元器件、组件、单体等生产质量情况，优化试验项目，减少中、小部件的验收数量或取消验收项目，在后续组装成大部件或成品后一次验收考核，以缩短装配周期，减少试验消耗，降低弹药成本。比如：引信静止验收时，有部分火工品和零部件可归批使用，减少试验消耗，降低成本。火工品入厂验收可取消功能试验项目，只做遂行文件检查，减少试验消耗。另外，部分外购件、火工品、标准件的入厂验收项目要求百分百检验，可优化检验项目和流程，可依据供货质量，采取抽检。

2. 加大组批数量，提高验收效率

当前，在生产检验阶段，为了保证列装部队产品质量可靠性，根据军方和企业风险共担原则，并且按照国家制定的相关组批、抽样等标准方法，在精确制导弹药批量采购实施后，待装备产品连续批次质量稳定后，可加大产品组批数量，以提高产品产出效率，减少试验消耗，降低验收成本，提高验收效率。同时，对于产品简单且可靠性高的组件，可归批检验，减少试验消耗。

3. 采信试验数据，取消部分验收项目

在研制和生产过程中，将经历不同层次配套级别的功能、性能、可靠性等试验项目的检验验收。当前，各个配套级别零部件和各个试验项目相互独立开展试验验收，相互不采信，一方面严重迟滞检验验收进度，另一方面造成与检验验收相关的资源极大浪费。比如：在正样机鉴定过程中，军事代表机构需组织开展鉴定试验，需要严格考核每一项指标，然后为正样机研制转段提供依据。而在正样机转段后，由军方试验基地组织性能鉴定试验过程中，仍旧需要考核每一项指标。在上述过程中，部分情况是正样机与性能鉴定样机技术状态一致，未发生变化，其正样机鉴定试验已能够或部分能够表现性能鉴定试验结果，在客观情况下，性能鉴定试验可采信或部分采信正样机试验结果，从而减少试验消耗。另外，对于火工品而言，在火工品进入上一级配套单位后，需要按照入所（厂）验收规范组织验收试验，仍旧按照其制造验收规范开展功能、性能和可靠性等试验。考虑到火工品功能单一，在入厂验收时，可取消功能试验项目，只做随行文件的检查，减少试验消耗。

4.4.4　创新检验验收方法，降低试验费用

当前，在大数据、5G 技术等新技术推动下，社会万事万物逐步联成一体，互通有无，消除了传统信息闭塞和孤岛，实现了万事万物的高效运行，也最大限度减少了资源消耗。在此大背景下，为了最大限度提高精确制导弹药研制与生产过程中资源利用率，提高经费使用效率，采取的措施包括：

1. 提高数字化样机试验比重，减少外场试验消耗

装备数字化可实现设计、生产、制造、保障和运用的全流程的数字化建模，彻底打破当前装备研发无法适应高威胁环境和先进技术高动态变化的困局，跳出交付延迟和成本超支高风险叠加的怪圈，大幅缩短装备迭代升级周期，大幅压缩装备研发、试验和使用成本，实现以更快速度、更低成本和更高质量向部队提供更好用、顶用的装备。在装备研制和生产过程中，加强装备数字化建设，利用高逼真度数字样机支撑装备设计、研制和试验，最大限度减少实物样机研发试验的工作量和成本，提高数字化试验在检验验收环节中的比重，可以大幅压缩外场试验次数，提高外场试验效率，并降低外场试验费用，整体提高试验经费使用效率。

2. 统筹配套单位生产任务，降低试验消耗费用

在当前精确制导弹药“统—分—统”的生产格局中，首先由生产总体单位按照军方订购任务向各二级配套单位下达生产任务，各二级配套单位按照总体单位任务要求向三级配套单位下达生产任务，依此递推，各层级配套单位相互独立实施生产任务。尽管是在同一供应链体系中，但各单位缺乏相互沟通机制，从而造成各种低层次无效消耗。比如：在电子元器件筛选过程中，各配套单位按照各自生产任务要求独立组织实施，缺乏相互协调沟通机制，从而造成电子元器件和试验资源的极大浪费。若各配套单位能够建立协调机制，可统筹各单位电子元器件需求和筛选实施方案，从而统一组织电子元器件采购和开展环境应力筛选，一方面可以提高电子元器件批量采购效益，另一方面可以集中组织筛选试验，提高试验效率，降低试验消耗。

3. 军检和厂检部分合并，降低验收费用

通常，精确制导弹药在研制和生产过程中，均存在厂检和军检环节。厂检主体是企业本身，一般在生产环节完成后实施，厂检合格后，方可提交军检。军检主体是实施质量监控的军事代表机构，一般在厂检合格后，方可由军代表实施军检验收。由厂检和军检概念可以看出，厂检和军检的检验对象是同一批装备，检验对象未发生技术状态变化，并且两者检验的标准一致（均为制造验收规范），两者的区别就是检验验收主体不同。综上分析，在产品生产环节结束后，可结合装备具体检验验收试验结果，将军检和厂检部分合并，一方面可以减少试验环节，提高试验效率；另一方面可以减少试验消耗，提高试验效益。

4.5 本章小结

本章主要对精确制导弹药低成本化管理方法进行了介绍，包括低成本装备采购策略、低成本项目研制生产管理方法、低成本检验验收方法。

第5章 精确制导弹药低成本化供应链管理

5.1 概述

精确制导弹药已经成为世界各国国防建设中争相发展的重点，对国防经济和科技发展具有主导性的带动作用与战略意义，而精确制导弹药研制生产具有保密性强、研发难度大、研制周期长、生产难度大、供应链前后链条长等特征，使其有别于一般的生产活动，已成为国家科学技术和经济实力的综合表现。我国精确制导弹药研制生产一直坚持独立自主发展的路线，经过多年的发展，已形成自主可控、体系完备、种类齐全、可满足多目标作战任务需求的研制生产体系，主要技术性能和可靠性明显提高，高新武器装备对维护我国国家安全发挥了重要作用。

传统计划体制下的“全国一盘棋”模式确保了武器型号的研制成功，这也是我国技术能取得跨越发展的重要原因。但在当前经济市场化、生产社会化条件下，我国武器批生产供应链管理面临着较为突出的问题。这些问题首先反映在装备研制生产效率的提高和成本控制等方面。在传统模式下，确保研制生产成功是重要的政治任务，经济效益被放在次要位置，而根据目前军品定价模式，实行研制生产成本加上一定利润率的方法进行军品定价。因此，武器研制单位对供应链的管理，不管是从思维方法上还是从激励机制上，都缺乏足够动力，导致我国精确制导弹药批生产供应链管理不仅落后于国外先进军工企业，也滞后于国内其他工业领域。强化精确制导弹药批生产供应链管理的具体举措主要有：

1. 缩短供应链长度

长期以来，国内供应商存在物资采购计划性差、采购周期长、库存积压与资源利用低等问题，批生产过程中供应商相对固化，行业进入壁垒高；供应链过长，供应商价格调整困难，造成批生产物资采购价格过高、成本过高。比如：电子元器件中常用的电源模块，在生产过程中，其采购流程是：生产商、代理商、渠道商 1、……、渠道商 n、合格供方、导弹生产单位，电源模块每经历一个采购节点，其成本将增加 10%~40%（含税金）不等，由此导致其成本最终增加数倍至数十倍不等，如图 5－1 所示。

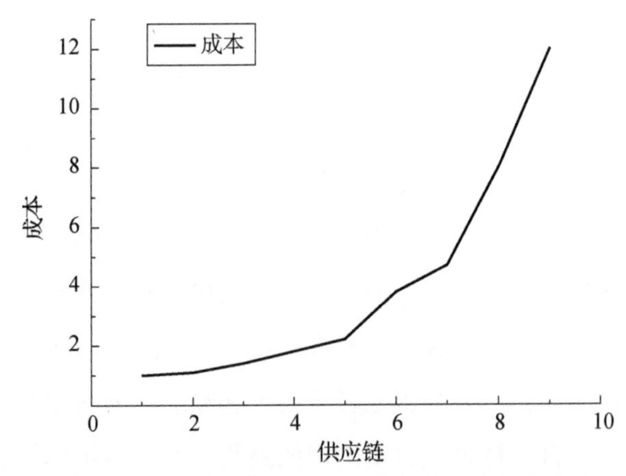

图 5－1　某型电源模块采购价格与供应链数量关系

2. 共享供应链信息

批生产总体单位与分系统单位之间、分系统单位与分系统单位之间、总体单位和分系统单位与配套单位之间存在信息不对称、战略协同程度不高等问题，导致总体、分系统、配套单位之间研制生产进度不同步，影响最终产品生产效率和产品质量控制。

3. 协同供应链管理

批生产过程中权责监督与管理机制不明确，生产整体协同程度低、效率低。缺乏批生产供应链管理协同测评机制，无法实现批生产“两高一低”的目标（即产品质量可靠性高，产品生产过程效率高，产品生产成本低），难以形成安全、高效、规范的先进供应链管理体制，导致无法大幅缩短批生产周期，并且无法为国家国防工业建立方便、快捷、准时的物资供应保障。

5.2　批生产供应链的定义及特征

5.2.1　生产供应链的定义

随着经济全球化的趋势加强，企业供应链之间的竞争已逐步演变为企业间竞争的重要内容，供应链管理在当代制造企业中得到越来越多的重视和应用。供应链是围绕着核心企业构建起来的“供－产－销”关系网络，也就是以核心企业、供应商和销售商的利益为核心形成的一种合作关系。

核心企业通过对流经上下游企业的物流、信息流、资金流的控制，实现对生产链的全局掌控管理。在该过程中，由供应商、制造商、销售商以及需求方构成的功能网络称为供应链。这条供应链也是一条价值增值链，包含从供应商到用户的所有物料链、资金链和信息链的增值过程，包括了原料采购、货运、生产制造、订单管理、库存管理、维修服务等环节。一般比较简单的供应链结构模型及供应链网状结构如图 5－2 和图 5－3 所示。

精确制导弹药批生产供应链定义为：围绕批生产核心企业，通过对批生产过程中的资金流、物流、信息流的控制，以原料采购为开端，到批生产的过程实现，最后通过交付网络实现产品交付的过程。与传统的制造企业生产相类似，批生产供应链指的是在批生产的生产制造流程上，以产品原料、零部件采购为开端，

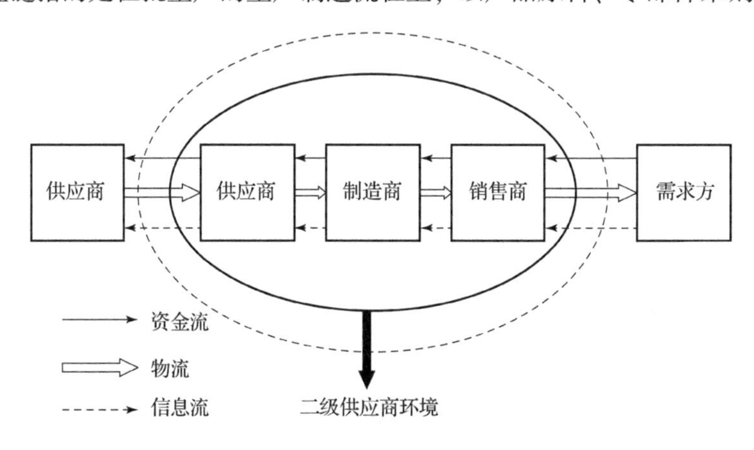

图 5－2　供应链结构模型

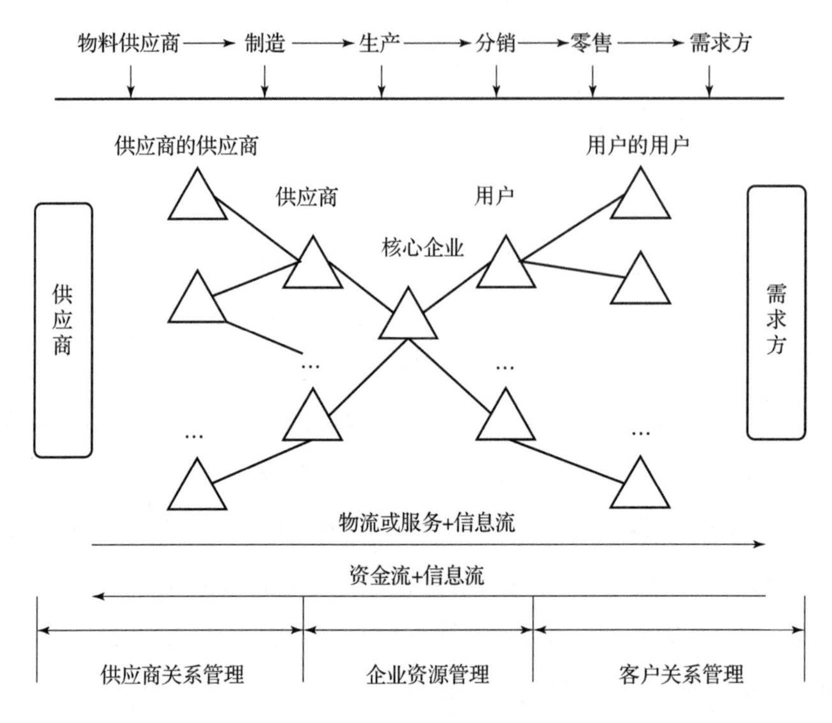

图 5 –3　供应链网状结构

经过产品研制、组装生产，最终交付给需求方的过程，在这个过程中，批生产的各级供应商、导弹批生产核心企业、需求方组成一个类似网状的结构，这与传统的生产制造业供应链有共同之处，而其中能体现批生产特性之处就在于精确制导弹药的研制是一个复杂的过程。但是批生产供应链的各级之间具有不同的保密等级，无法实现整个链条信息的充分共享，而且批生产前，需要经过非常漫长的研制过程，才能保证各项性能和技术指标达标。

根据上述定义，构造批生产供应链结构，如图 5 –4 所示。

图 5 –5 展示的是一个较为复杂的批生产供应链网络，它是一个围绕批生产研制中心的复杂网状结构。以研制单位为中心，直接与研制单位产生货物或服务供给联系的企业群成为一级供应商，与一级供应商联系紧密的供应商群体为二级供应商，依此类推。在生产过程中，对一级供应商的保密性较强，信息共享度最低，因产品的设计需求中涉及众多保密信息，因此，提供给一级供应商的信息是

经过甄选之后的表层信息。由于信息交流不充分，将造成一级供应商提交的产品存在很多难以预期的障碍，其为研制单位提供一项合格产品的过程中涉及众多研发失败产品。与研制单位联系越不紧密的供应商（一般为 N 级供应商），其与下一级供应商（一般为 $N+1$ 级供应商）之间的信息共享度越高，因为其提供的产品涉密信息较少，只是提供某一项基础材料或多级配件的配件。

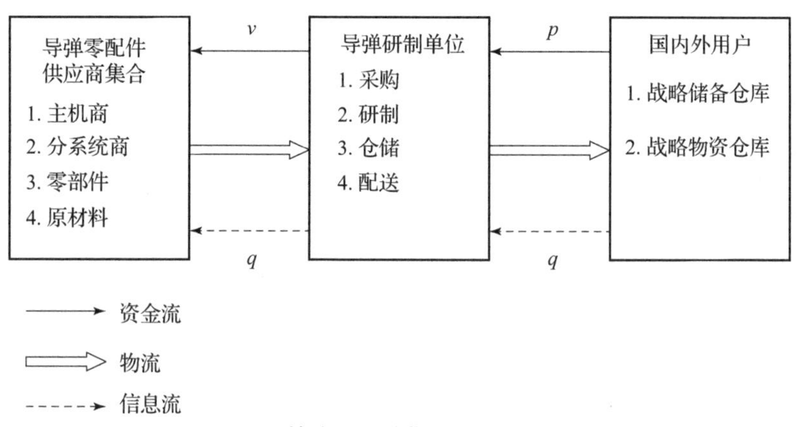

图5-4 精确制导弹药供应链的基本结构

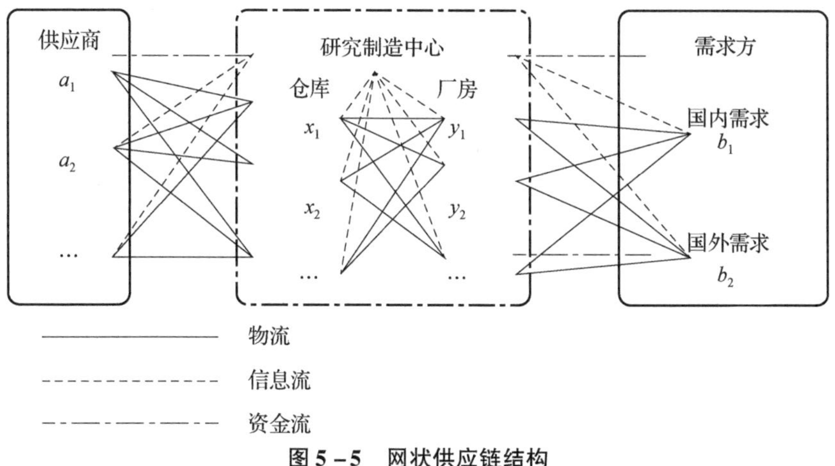

图5-5 网状供应链结构

在批生产研制过程中，因为保密性因素的制约作用，使上下游供应链之间存在部分信息共享情况。研制单位和需求方之间存在部分信息的共享，无法实现完全的信息共享。一般情况下，研制生产单位不会按照军方需求的数量进行原材料、零部件的采购，研制生产单位必须充分考虑部分信息保密情形下导致的研发产品不合格情况的发生，研制单位在向供应商进行原材料、零部件等采购时，会按照一定的比例进行采购，充分预判研制过程中的失败情况，保障原材料、零部件的及时供应。对于各级供应商而言，越是供应链最上游的供应商，其上下游信息共享程度越高，其材料的提供或研发的正确率越高，为满足下一级产品需求所提供的配比率越低。研制单位与直接上下游企业之间的保密性最强，由此导致产品提供的正确率较低，提供产品的配比率较高。由此可知，精确制导弹药批供应链存在信息不对称，整个链路的发展不协同，产品生产的整个供应链过程中的成本高、效率低、反应速度慢等问题尤为突出。

5.2.2 批生产供应链的结构

精确制导弹药具有产品结构复杂、制造装配工艺复杂、零部件构成数量庞大、参与生产制造的企事业单位众多等特点。与一般产品供应链组织构成相比，多了一个核心企业，因产品面向军方直接交付，在销售环节缺少分销商和零售商，如图 5 –6 所示。

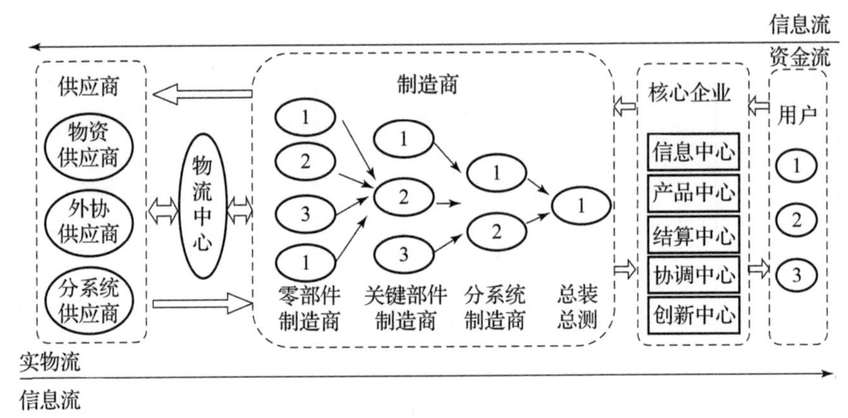

图 5 –6 导弹批生产供应链网络

从精确制导弹药批生产供应链的整个结构来看，核心企业承担着整个供应链的管理责任，在现实批生产过程中，批生产总体单位发挥着核心企业的作用，具体负责与军方签订批生产合同、制订批生产计划、组织管理和监督批生产过程、管理科研生产经费、管理物资供应商、协调与分配利润、协调解决突发事件、共享与传导信息等职责，是实施批生产供应链管理的主体，负责组织、管理和协调整个供应链的动作。

精确制导弹药批生产是一项技术密集的系统工程，制造流程复杂，各分系统产品众多，所需物料和零部件范围广、品种多，因此，涉及的制造商和供应商数量多。批生产供应链中，除核心企业以外的其他组织可分为两类，分别是用户和供应商。用户是直接向核心企业下达计划需求的单位，主要是军方（或军贸企业）。批生产供应链的供应商是指为制造商的科研生产提供原材料、零部件、设备工具，以及提供核心部件和部段产品的配套单位。按照供应商提供产品的类型不同，供应商分为物资供应商、外协供应商和分系统供应商。其中，物资供应商主要是提供金属材料、非金属材料、元器件、标准件等产品的大中型企业；外协供应商一般以其他军工集团公司的企业为主；分系统供应商指军工领域的其他配套单位。

5.2.3 精确制导弹药批生产供应链的特征

精确制导弹药批生产供应链具有如下特征：

1. 以军方需求为主，技术引领作用显著

通常批生产的主要生产模式以军方需求为主，研制企业在获得需求方的需求订单后开展研制，在研制阶段结束并通过批生产鉴定后，进入批生产阶段，这是批生产的主要生产模式。但是，在当前的市场条件下，仅仅按单生产已经难以在竞争越来越激烈的军品市场中立足，众多的装备研制单位根据当前的技术水平以及市场的潜在需求，进行必要的技术研发和创新，一方面是为了保证其产品在当下以及未来的市场竞争中获取竞争优势，另一方面也是产品技术更新换代的潜在要求。因此，技术的引领作用日益凸显，可有效提升研制单位自身知识储备与市场竞争力。

2. 精确制导弹药批生产供应链分布呈星网状

精确制导弹药批生产供应链网络同时也呈现出星网状的分布特点，在该星网分布图形中，精确制导弹药总体单位处于中间位置，其零配件供应商和需求方分布在其周边，如图5-7所示。在该批生产供应链中，作为制造商的精确制导弹药总体单位处于供应链中心，周边的零部件供应商主要分为通用件供应商和定制件供应商两类。其中，通用件供应商提供标准的批生产所需的零部件，他们与研制企业的关系也是基于计划和库存的关系，这种关系通常是稳定的，不受产品型号的不同影响；定制件供应商是定制零部件的供应商，该供应商为批生产提供定制型的零部件，根据每次导弹研制生产型号的不同，精确制导弹药总体单位选择合适的定制件供应商，他们之间的关系因此也有所不同，是基于任务的合作关系，这种合作关系通常是动态的。

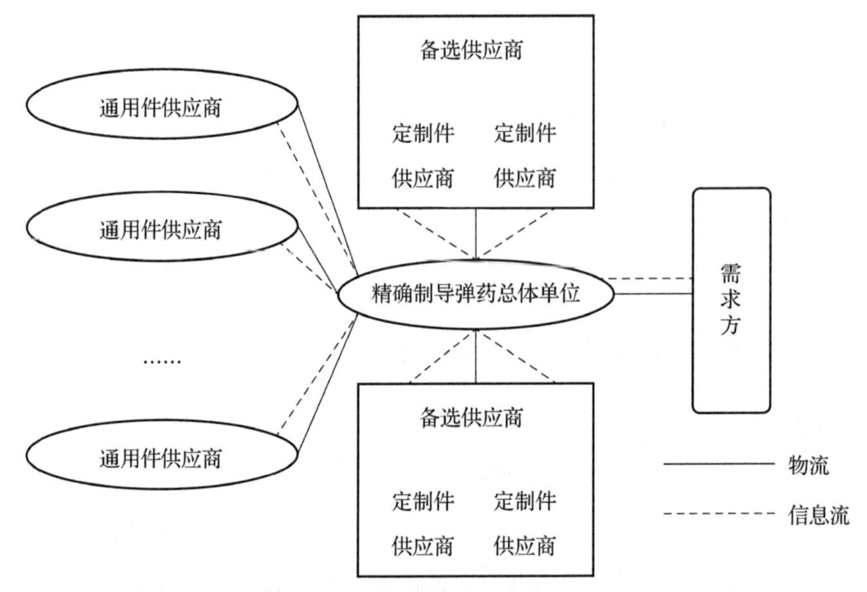

图 5-7　以精确制导弹药总体单位为核心的供应链组织结构

3. 精确制导弹药批生产供应链具有复杂性

精确制导弹药批生产供应链的复杂性体现在形态上的复杂性与主体的复杂性。批生产的供应链是一个极为复杂的系统，在该系统中，既存在合作，又有竞争，这个过程是一个动态的、不断博弈的过程，精确制导弹药总体单位、零部件供应商以及产品需求方等构成一个快速反应的动态的供需供应链，在该动态供应链上，每个成员企业都肩负着实现一个或者几个功能的责任，这些成员之间的相互合作、相互制约直接关系到供应链整体功能的发挥。这些成员间只有通过协同，方能达成共同价值的实现。正是这种复杂的网络拓扑结构，决定了批生产供应链形态上的复杂性。批生产供应链主体的复杂性还体现在位于批生产供应链上的各个成员企业在目标、规模、文化、环境等方面存在的巨大差异，这种差异在经过供应链上的正向或者负向反馈之后，影响持续增强，从而加剧了其复杂性的产生。此外，批生产供应链的主要参与者存在少集聚多分散的特点，大部分散布在国内的诸多地区，这对批生产供应链的敏捷性构成了较大挑战，也增加了批生产供应链协同的难度。

4. 精确制导弹药批生产供应链展现跨越国界的特征

精确制导弹药作为特殊的军工产品，其生产研制也需要遵循相关的国际准则的规范。在我国当前的精确制导弹药产品研制生产过程中，由于技术水平的限制，部分零部件还需要从国外供应商处采购。同样，国际市场上对我国的精确制导弹药等军工产品也有较为强烈的需求。因此，需求方不局限于国内军工，有时还包含国外的政府或者商业机构，批生产主体成员的跨国性也使批生产供应链具有了跨越国界的特性。

5.2.4 精确制导弹药批生产供应链与传统供应链的区别

与传统一般性制造行业相比，导弹批生产在周期、管理、质量等方面都有较大差异。批生产供应链管理不同于一般行业供应链管理，具有其特殊性，具体表现在以下几方面：

1. 批生产供应链的管理周期长

武器作为一类特殊产品在需求阶段要组织专家反复论证，才能明确各项性能指标和可行性。在产品研制和生产阶段，需要做充分的研究、试验和试制，采购并保证数万至数十万个零部件生产和总装后的可靠性。在装备最终交付前，还需要进行试验和抽检。因此，产品从明确产品需求，组织研制生产，直至最终交付投入使用持续的时间较长，一般都会经历几年甚至十几年时间。与一般供应链相比，批生产供应链管理的周期较长。

2. 批生产供应链的管理协调复杂

武器装备是系统集成产品，产品复杂程度高，所需物料范围广、品种多（包括金属材料、非金属材料、电子元器件、机电产品、标准件和各种外协产品），涉及供应商数量多。因此，批生产供应链是一个多行业集成、跨地区、多法人构成的庞大系统，整条供应链管理需要协调计划、物资、设计、制造、安全、保障等众多环节，管理协调复杂性高。同时，武器装备本身技术复杂，研制生产过程中存在各种不确定性，因此，精确制导弹药批生产供应链技术协调具有复杂性。

3. 批生产供应链具有首尾较短的特征

对于一般的制造供应链来说，其主要构成部分包含供应商、制造商、分销商、零售商以及需求方等几个级别，产品通常经过层层分销才能到达零售商，继而转交到需求方的手中。但是精确制导弹药批生产的供应链没有经销商和零售商的环节，批生产的供应商通常也会有几级，然而与普通的生产制造企业繁多的供应商网络相比，由于产品本身的保密特性和技术含量高、研制难度大等特点，批生产的供应商网络相对简洁，产品的零部件供应商相对较少，同时也没有分销、零售环节，呈现首尾皆短的特征。

4. 批生产供应链质量管理要求高

武器产品采购价格高，军事和经济效益大，并且结构复杂，零部件数量众多，零部件间的关联性很大，一旦一个零部件出现问题，将会造成重大损失。而且武器产品制造对零部件的质量要求一般远高出国家标准，这就要求供应链成员提供的产品的质量非常高，企业需要有完善的质量管理体系，以保证生产出的产品符合型号产品制造企业的质量要求。

5. 批生产型号供应链管理追求经济效益的难度较大

为了满足国防和公共服务军队的需要，精确制导弹药对可靠性、安全性、技术水平要求较高，研制生产过程中，需要使用高质量、高性能的材料和零配件，研发投入高，成本大。同时，与一般产品相比，受需求的限制，武器装备多采用多品种小批量产品，多为单件小批量的生产模式，无法进行大批量生产，难以形成规模效益。

5.3 精确制导弹药生产供应链战略组织协同

随着精确制导弹药批量生产供应链主体之间的矛盾引发的成本不可控、供应链效益低下等问题频发，全供应链协同系统的构建迫在眉睫。基于对供应链协同的基础理论研究以及对批生产供应链协同的基础原理分析，根据精确制导弹药批生产供应链的特点，批生产供应链协同系统应从战略组织层、信息共享层、业务流程层三个层面进行总体构架，并针对批生产供应链协同系统的研究范畴，以及影响协同的主要模型之间的关系开展系统分析。主要包括：

一是建立批生产协同系统构架；

二是确定批生产协同的类型，并从结构和系统两个维度研究批生产供应链模型。

近年来，国家明确提出了军队发展的战略任务，要形成全要素、多领域、高效益的发展格局，要坚持全要素融合，促进信息、技术、人才、资本、设施、服务等要素实现军地双向流动、渗透兼容，形成整个国家和全部生产要素、全部资源的深度协同。要坚持高效益融合，坚持国家主导、市场运作，改变以往单纯靠行政手段的习惯做法，发挥市场在资源配置中的决定性作用，激励多元力量、优质资源服务国防建设。《国防白皮书：武器装备多样化运用》中也提出现阶段我国武装力量多样化运用立足于打赢信息化条件下的局部战争，拓展和深化军事斗争准备，要提高国防动员和后备力量建设质量。目前，武器装备研制生产已经建立集中统一领导决策机制，以及由军队和政府主管部门、军工和民营企业参加的军民统筹协调工作机制，各部门分工明晰，军用和民用分工管理，初步建立规划衔接、分工建设、协同运行、资源共享的工作体系。精确制导弹药是现代战争中的重要武器，是武器装备现代化的重要标志，生产供应链协同更是武器装备协同管理的重要组成部分。

5.3.1 完善生产供应链管理，做好产品质量评估

随着新军事变革和军事斗争准备的不断深入，质量管理已成为精确制导弹药生产工作的重中之重。现代质量工作理论显示，在产品的全生命周期中，产品的安全性、性能的可靠性、可生产性、可维修性、可测试性以及经济性等因素，都是产品质量所应包含的特性。其中，维修性、可靠性、保障性成为产品质量管理必须考虑的重要因素。这是一个不断反馈的过程，在零部件等产品研制后，需要不断进行测试与全程监督，准确采集设备使用过程的一切信息，密切监督其可能发生的问题，并及时进行信息的采集、整理与反馈。主要记录设备的故障时间、位置、现象、原因、使用的环境及各指标数值，以及相关人员做出的故障排除及应急措施，这些都对进一步完善设备的功能起到关键作用。同时，将这些信息进行反馈时，作为一线成员，帮助其分析故障产生的原因或不满意之处，提出有意义的建议，为研制单位提供相关的技术支持，帮助改进相关设备的性能，减少不

必要的损耗，提高装备的整体使用范围及能力。

5.3.2 加强成本控制，提高产品成本监管力度

为实现生产供应链的协同成本管理目标，最基本的途径就是要加强产品的成本控制，并做出及时、有效的成本预测。精确制导弹药研制成本的内涵是军事装备研制生产活动和军用物资消耗的费用。生产成本主要包含两部分：研制成本与生产成本。对于批生产来说，不是简单地将原有产品进行复制，而是需要不断根据市场、客户的需求进行研究开发，以实现产品的国际竞争力，这点对武器装备生产来说至关重要，必须不断创新。必须包含研发过程，这部分成本所占比重较大，通常带有不可预期性。主要涉及设计、研发、测试、外协配套过程，以及相关成本，也包括相关人员的工资。而生产环节涉及的成本主要指制造过程的成本及相关的管理、财务费用。

精确制导弹药生产成本过程管理包括武器装备型号预研阶段项目预算管理和项目实施过程中项目经费追加管理。要求在项目预算和实施过程中保证评估的科学性和准确性，排除人为主观因素对成本概算的影响。在项目执行过程中，建立装备成本全过程的反馈控制机制，项目研制生产单位把经费概算作为工程实施的一个重要目标，进行有效的约束控制。

5.3.3 建设供应链管理信息系统，保证过程监督

随着国际武器装备市场竞争的加剧，以及国防信息化建设的需要，对我国的武器装备信息管理系统提出更高的要求，其必须具有全局统筹的视野，将设计、研发、配套、制造、管理、财务等环节统一起来，归根结底，要实现信息流的通畅。此外，信息管理系统还必须涉及多层面的基础性、重复性的工作，贯穿到产品的全生命周期中。由于武器装备生产的安全性、保密性等原因，对信息管理系统提出了更高的要求，要求其统筹管理信息流、物流、资金流等，进行必要的监督与管理，促进信息之间的流通，清晰、及时展现生产研制的进度、困难及现状。运用信息化手段进行监管与维护，将生产研制等活动形成无缝连接的有效整体。这是一个复杂的统筹规划过程，其有效运行，可以节约成本、推动生产与研发的进度、获取准确的决策与管理数据，提升整个系统的监管与运行效率。因

此，这个系统必须具有更高的网络化程度、更广的应用范围，有效推动精确制导弹药生产信息交互，保障信息资源的合理。

5.3.4　实现自主研制生产和国际合作相结合

现代武器装备竞争的加剧，使国际市场的产品更新换代更快，产品的高技术含量更高，由此导致了武器装备研发生产过程中的生产、配套、研发、储存、维修、管理等成本加剧。这些均成为制约我国武器装备发展的重要因素。针对现阶段的国际形势与我国的自身发展现状，充分发挥我国已具备的信息化与机械化的优势，积极借鉴各国的成功与失败的经验，利用自身“后发优势”，走自主研制和国际合作相结合的路子，成为实现我国武器装备跨越发展的必经之路。以信息化带动机械化，实现我军机械化与信息化双重并进。这就要求在精确制导弹药生产自主研发和国际合作过程中加强供应链信息共享，解决供应链中信息不对称问题、降低和消除供应链风险以及提高供应链的协同决策效率，将实现供应链战略合作、构建战略合作伙伴关系作为战略重点。同时，重视供应商选择和物流管理，促进供应链协同整合，增强我国精确制导弹药生产整体竞争能力。

5.3.5　精确制导弹药批生产供应链信息共享协同

根据批量生产供应链信息价值理论，批量生产供应链参与主体之间信息体系相对独立，使主体之间的衔接存在不确定性。只有通过信息的共享，供应链管理才能更好地实施，最终实现供应链的协同。实现信息共享是解决供应链中信息不对称问题、降低和消除供应链风险以及提高供应链的协同决策效率的关键。同时，供应链的信息共享也是实现供应链战略合作、构建战略合作伙伴关系的重要影响因素。充分提升信息共享在供应链成员间的共识水平，加强成员间的信息共享力度，对供应链协同效率的提高具有积极的推动作用，也是实现协同的必要途径。

通过对供应链协同三层面模型与信息共享层面进行深入研究，构建批生产供应链基础模型，以及对信息共享条件下的协同系统模型，并从信息价值角度阐述批生产信息共享的效用和共享运行模式，对供应链主体利润最大化问题进行数据分析，并对比分析这两种情况下的供应链整体和各成员企业的效益，以期证明供应商企业、总体单位、军方客户参与信息共享后供应链协同的价值增值效用。

现阶段批生产仍是按需生产，但是不难发现协同的供应链系统有助于培养长期的合作伙伴关系，信息的价值无处不在，尤其在应急生产等市场环境中，其价值体现最为明显。依据批生产的信息共享与非共享、供应链协同与非协同构成的四种情形下，对供应链的最优价格、订购量利润情况进行总结。通过分析结果发现，在信息不对称情况下，产品价格提升、订单数量下降，将导致整个系统利润降低，信息共享与协同更利于供应链中长期合作伙伴关系的建立。

精确制导弹药批生产供应链的协同实现过程中，信息共享率低、成本高、效率低、不协同、响应速度慢的问题凸显，整个链条的有效提升离不开供应链信息的共享，其效用体现在减少交易成本、降低信息不确定性和非对称性、促进聚合效应。

5.3.6 精确制导弹药批生产协同中的供应商筛选

供应商选择、物流企业评估是批生产供应链协同系统中的重要环节，尤其在军民融合的状况下，供应商、物流的选择范围会更广，评价指标体系更具普遍性。如何科学、合理、最优地选择供应商，是实现批生产供应链协同的重要基础。批生产供应企业在提前期、交货期、产品质量、服务水平等方面都会对精确制导弹药制造企业产生影响。越来越多的精确制导弹药制造企业将力量集中于核心业务，使其在核心技术领域以及战略发展上对零部件供应商产生更多的依赖。如何科学地评估和选择供应商、物流企业，积极拓展供应链之间的协同关系，已成为批生产制造商提高核心竞争力，在竞争中获得主动权的关键。

在批生产供应链协同模型的基础上，对供应链协同业务层面的供应商选择进行深入的研究。结合模糊理论与质量功能展开方法，构建批生产供应商的选择方法，从识别服务质量需求关键因子、识别影响服务质量的关键能力因子、确定服务质量的权重、确定因子相互关系、构筑质量屋以及评估每一个供应商的能力表现，最终得出供应商的排名。另外，物流企业的发展对批生产的作用日益显著，及时、有效、高质量的物流运作，将提升整个供应链的协同度，因此构建物流企业能力成熟度模型。

5.4　构建批生产供应链协同系统的对策建议

在研究如何完善批生产供应链协同系统的同时，更重要的是将完善方案在其供应链中顺利实施和保持，才能实现导弹批生产供应链良好的协同效果。

1. 设计批生产供应链系统基本结构

将批生产核心企业本身的特点和发展目标作为依据，确定批生产供应链系统的基本结构；将批生产总体单位的资源和外部市场环境相结合，选择批生产供应链的组成单位；以核心企业为主导，通过协商使分布于不同领域和环节的有竞争力的企业有效聚合，并以项目的形式实现对军方需求的有效响应，增强供应链上下游企业的协同性，使整个供应链系统的灵活性和运行效率显著提升。

2. 构建批生产供应链协同系统

将信息交流机制、利润协同系统以及信任机制作为构建批生产供应链协同系统的 3 个支柱：

以信息网络建设为载体，加强批生产供应链系统内部的信息交流机制，成员企业能够及时了解批生产供应链系统的发展规划和目标，核心企业能够及时了解上下游企业的意见和难点，从而实现有效协同；

由核心企业优化协同方案，以此确定各个成员企业的权利和责任，以上下游企业利益均衡为基础，建立有效的利润协同系统；

以共担责任、风险和成本、共享成果和收益为原则，建立企业间的长久协作关系，摒除对于自身利益最大化的追求。

3. 实现批生产供应链系统内部协同

实现供应链系统内部协同的一种非常有效的方式就是建立批生产供应链系统中共同的文化氛围。由核心企业以批生产供应链系统的使命、目标、构成、功能和构架等为依据，建立起适用于所有成员企业的共同的价值体系，以此营造出具有普适性的批生产供应链系统组织文化氛围。并通过成立专门的机构和部门，协调处理批生产供应链的协同。

4. 实现批生产供应链系统外部协同

将批生产供应链系统本身的特点与外部的市场环境特点相结合，建立由核心企业牵头的信息收集部门，及时将外部环境变化情况与批生产供应链上的全体成员分享，实现系统内部与外部相适应，从而达到整个供应链系统外部协同的目的。同时，构建贯穿产品寿命周期的绿色供应链系统，实现与资源和环境的协同，减少对资源的消耗和对环境的破坏。

5. 批生产供应链协同系统的优化

供应链上有很多相关企业以及成员，不同成员之间具有复杂多变的合作关系，这些合作关系也会受到客观环境的影响，并时刻处于变动的状态之中，是一个不断随着环境动态变动的过程，需要持续地对批生产供应链协同系统进行优化。

6. 完善供应链协同结构

不同的产品都有自身独有的供应链模式以及解决方案，应该根据产品的特性，应用定性定量相结合的方法建立合适的供应链模型、合理的评价体系以及激励约束机制，实现对战略、信息、业务三大层面协同的持续优化，有效应对批生产供应链存在的问题。

优化绩效评价体系，加强对制造商、供应商的绩效评价，提升核心企业对供应链的管控能力。

核心企业可以通过更为全面的绩效评价，有效识别各级单位的“短板”与不足，强化主导地位和“话语权”，增强对制造商、供应商的自主选择权，提升供应链整体的管控能力。

改善批产供应链的利益分配机制，建立合理完善的分配方式。针对长期任务，可以增设长期报酬条款，为供应商提供一种更长远的激励目标，以确保产品的质量与供应进度。针对短期任务，应优化供应商绩效评价体系，拓宽供应商信息反馈渠道，加强对相关供应商的考核评价，将考核评价结果与报酬金额相挂钩，并纳入相关的协作配套合同中予以明确。

7. 明确总体单位核心地位

批生产总体单位应与分系统供应商建立“战略合作伙伴关系”，以供应链整体绩效为聚焦，强化合作意愿，并授予其核心主导地位，使其能充分发挥自身的核心价值，主导研究发展的方向，以更多的“支持”替代原来的“要求”，加大对分系统单位的支持力度，加强对制造商、供应商的精益改进，加强对各级制造商、供应商的现场指导与评估，确保供应链整体运行高效，提升敏捷的市场应变能力。

8. 持续优化提升市场竞争能力

建立批生产供应链内部交流和学习的长效机制，在运行过程中持续补充完善相关信息，持续调整优化批供应链的协同系统，不断强化信息交流机制、利润协同系统和信任机制，逐步提升整个供应链系统的学习能力和创新能力。

5.5　本章小结

本章主要对战术导弹武器低成本化供应链管理方法进行了介绍，主要包括批生产供应链的定义及特征、生产供应链战略组织协同、构建批生产供应链协同系统的对策建议。

第 6 章
精确制导弹药低成本化设计与验证研究

6.1 概述

精确制导弹药设计与验证是开展低成本化的有力抓手。本章以小型空地导弹为低成本化对象，从总体方案、部组件、检验验收方法等方面开展低成本设计及验证。具体而言，采用经济性好的部件设计方案和工程实现、具备大规模应急生产设计的完备流程和规范、开发适应各个部件和总体试验验证的先进理论和工程实践方法，对于实现我国战术导弹低成本化意义重大。

6.2 精确制导弹药低成本总体方案

综合考虑结构布局和功能划分，低成本战术导弹分为制导舱、毁伤舱和动力控制舱。其中，制导舱包含导引头、一体化飞控、前级战斗部、前级引信和 1 号热电池；毁伤舱包含主级引信和主级战斗部；动力控制舱包含固体火箭发动机、舵机执行机构和 2 号热电池。

6.3 部件设计方案

6.3.1 一体化飞控低成本设计方案

1. 低成本设计途径

一体化飞控低成本设计方案根据武器系统的使命任务、技术发展现实和工艺水平，贯彻全寿命成本管理思想，遵循标准化、通用化、模块化设计原则，通过自顶而下的系统设计，不追求所有功能单元性能最优，着重综合性能考核，实现技术先进性和经济性的统一；通过对共性资源的综合集成化设计、功能单元的模块化设计，实现资源余量共享，降低硬件成本；通过技术方案与工艺方案的综合考虑，提高生产效率和质量，降低废品率，使全寿命费用得以下降。要点如下：

（1）一体化集成设计降低硬件成本

基于自主可控国产高性能SOPC处理器构建综合控制单元，对共性硬件资源进行合并，实现制导控制解算、姿态解算、位置解算、舵控模型解算、弹上任务调度和管理，将弹载计算机、舵控模块和导航计算模块3个功能部件进行合并，如图6-1所示。相比传统的飞控部件，在性能提升的同时，元器件的规格品种和数量均减少，见表6-1，硬件成本降低约20%。

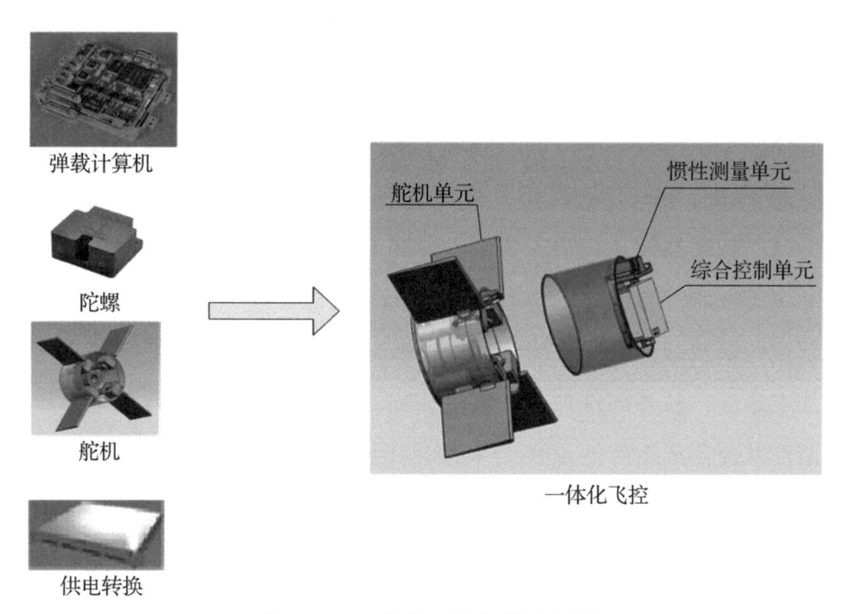

图6-1　一体化飞控集成示意图

表6-1　元器件使用情况对比

器件名称	某型导弹		低成本战术导弹	
	规格品种	数量	规格品种	数量
电阻	27	123	20	132

续表

器件名称	某型导弹		低成本战术导弹	
	规格品种	数量	规格品种	数量
电容	14	128	9	116
电感	4	6	2	3
集成电路	19	31	15	26
晶体振荡器	2	2	1	1
混合集成电路	3	5	2	2
连接器	3	5	3	4

（2）低成本惯性测量组件

惯性传感器采用 MEMS 加工工艺，其通用化和一致性高，可实现大规模生产制造，其体积小、结构简单，能够实现大规模标定测试，在性能提升的同时，实现成本控制。针对 MEMS 陀螺和加速度计在工程使用过程中的长贮问题和发射冲击问题，通过减振器设计，适应弹上发射冲击和随机振动条件。

（3）基于长筒谐波传动技术的低成本电动舵机设计

将双钢轮谐波减速器优化为长筒式谐波减速器，降低传统谐波器复杂的钢轮设计及加工难度，从零部件加工、整机装配、产品验收实现全自动化生产工艺技术，使谐波减速器成本降低 40%；采用热压成型一体式电位计，成本降低 45%；通过将电机与减速器、转轴与减速器的连接材料由不锈钢更改为 7075 高强度铝合金，减小质量。低成本设计后，成本减少 55%，产品如图 6－2 所示。

2. 低成本总体设计方案

一体化飞控系统由综合控制单元、惯性测量单元、舵机单元组成，一体化飞控系统组成如图 6－3 所示。

系统总体设计方案基于一体化综合集成设计思路，通过综合控制单元实现对任务调度、时序控制、姿态与位置测量、制导控制信息融合与处理等功能的统一管理，对共性硬件资源进行合并和复用，减少硬件开销。

图 6-2　低成本舵机

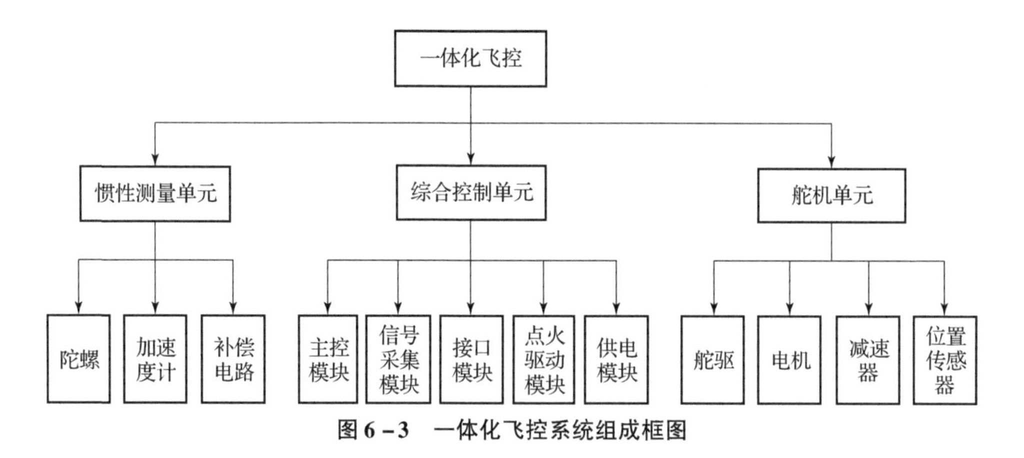

图 6-3　一体化飞控系统组成框图

①采用集成了 RS422 控制器、Flash 存储等外设资源的自主可控高性能 SOPC 作为综合控制单元的主控模块，满足一体化飞控的实时复杂信息处理需求；

②对传统理念的飞行控制器、惯性测量装置、舵机控制器进行集成，有效减小系统硬件规模，减小系统体积，提高系统性能；

③采用时间片分解与管理机制，满足一体化飞控系统软件复杂性和实时多任务要求；

④基于自主可控高性能处理器进行并行协同强实时软件架构设计，保证系统的强实时性和可预测性；

⑤开展独立测试回路设计，结合系统的工作流程、交联关系等，通过测试状态、测试接口、测试信号的综合设计，实现深度耦合条件下系统各单元的状态检测，提高系统功能测试覆盖度。

3. 硬件设计方案

一体化飞控与发射电子单元、弹上记录装置和导引头采用 RS422 接口进行数据交互。综合控制单元与惯性测量单元采用 RS422 进行数据交互，通过同步信号进行时间同步；通过采集舵电位计反馈，向舵机单元输出 PWM 信号，构成舵机闭环控制回路。系统架构如图 6－4 所示。

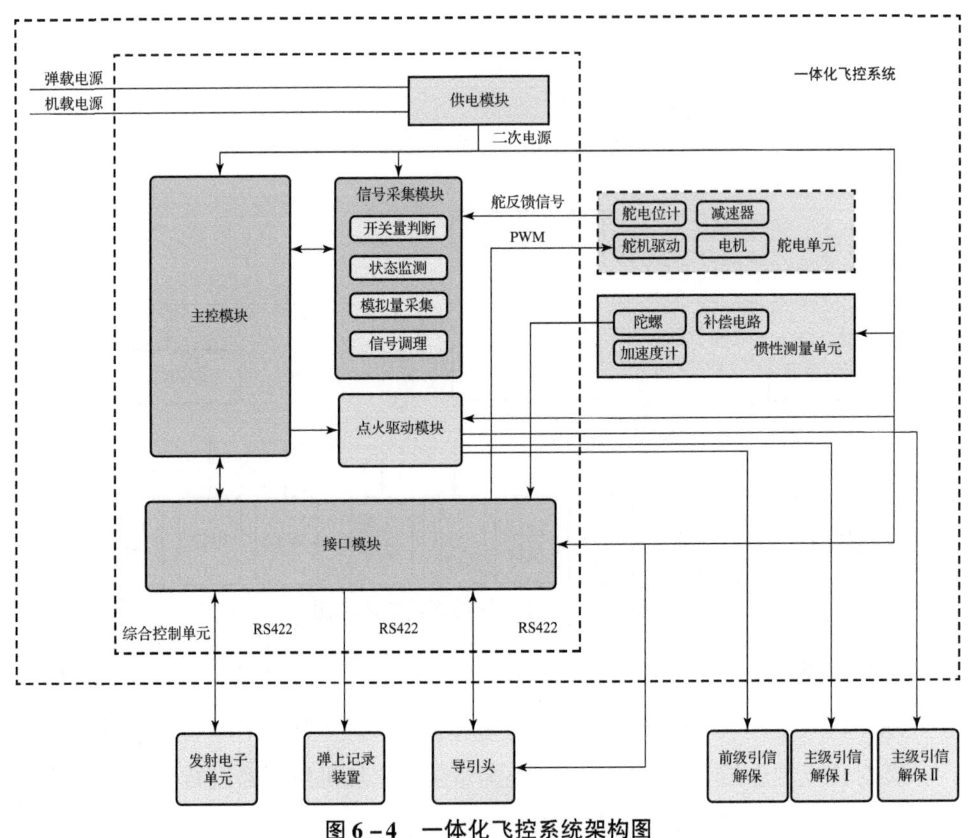

图 6－4 一体化飞控系统架构图

1）综合控制单元

（1）主控模块

主控模块基于 SOPC 体系架构，构建一体化信息处理平台，利用高效的计算和控制能力，实施任务调度和控制解算；利用低功耗特性，保证长时间运行的热稳定性。该模块负责完成弹上时序控制、导航模型解算、控制模型解算及舵指令输出；控制信号采集模块，完成舵反馈、电源状态等信息的采集；按时序向点火驱动模块输出控制信号以及点火功能。

（2）接口模块

接口模块实现一体化飞控与发射系统及其他弹上各功能部件的信息互联。一体化飞控与发射电子单元、弹上记录装置和导引头采用 RS422 接口进行数据交互；内部主控模块与惯性测量单元采用 RS422 进行数据交互；向舵驱输出 PWM 信号控制舵机运动。

（3）信号采集模块

信号采集模块通过对信号特征的分类分级，对系统资源的合理分配来实现数据采集处理的一体化设计。该模块采用合理阻抗匹配、高频滤波、高速通道转换来实现高精度、高频信号的采集，满足信号幅度及频率特性的要求；采用低频滤波、低速通道转换来实现自检信号、状态信号等低频信号的采集。该模块在设计时，充分考虑信号超范围时的降压安全处理，保证信号合理可控采集，提高采集系统健壮性和适应能力。

（4）点火驱动模块

点火驱动模块包括光电隔离、功率驱动等电路，是按照主控模块提供的点火时序控制信号输出点火驱动电流的。该模块在设计中采用光电隔离设计，以实现控制信号回路与后级功率驱动信号回路电气隔离，从而减小驱动回路大电流信号对控制信号回路的串扰，保证电路工作的可靠性和稳定性。

（5）供电模块

供电模块包括电源滤波、电压转换、上电控制等功能，实现一体化飞控的供电、监控与管理。该模块采用输入电源防反接及防电流倒灌设计技术，实现电源接入的安全；采用尖脉冲消峰技术实现电源输入尖脉冲消峰，让电压下降到可接受范围；采用共模、差模滤波技术实现电源干扰滤波，减少前后相互影响。

2）惯性测量单元

惯性测量单元实时敏感并向综合控制单元输出弹体角速率、加速度信息，采用三轴 MEMS 陀螺和加速度计作为敏感元件，实现三路角速度信号和三路加速度的测量，组成如图 6－5 所示。

为了满足弹体的随机振动和弹体发射冲击条件下的性能要求，根据振动频率特性、发射冲击量值以及弹体结构特点，在惯性测量单元内部加装减振橡胶垫，滤除低频随机振动，缓冲发射冲击。

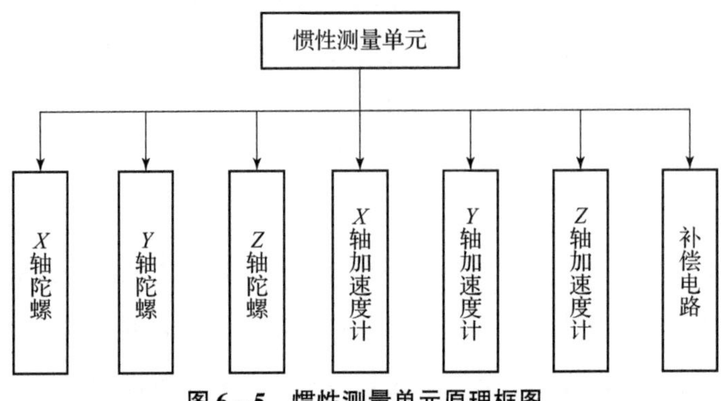

图 6－5　惯性测量单元原理框图

MEMS 陀螺长贮过程中，由于敏感结构的应力释放和器件的阻尼系数变化，引起零位和标度因数变化，通过对不同产品进行测试，测试结果见表 6－2。5 年周期内 MEMS 器件在满足本设计技术指标方面可以实现免标定、免维护，通过增加零位校准方案能够进一步保证惯性测量单元达到武器系统的指标要求。

表 6－2　长贮后性能测试

厂家	生产时间	检测时间	零位变化	标度因数变化
公司 A	2011. 6	2018. 12	8. 9°/h	228 ppm①
公司 B	2014. 6	2018. 12	7. 8°/h	95 ppm

3）舵机单元

舵机单元由舵驱、电机、谐波减速器和位置传感器四部分组成，均布置于控制舱；采用数字控制电路 + H 桥驱动 + 直流伺服电机 + 谐波减速器 + 舵电位计的控制执行策略；数字控制电路与综合控制单元集成设计；电机、减速器和位置传感器在结构上集成设计，通过螺钉与舱体直接连接，结构如图 6－6 所示。

① $1\ \text{ppm} = 10^{-6}$。

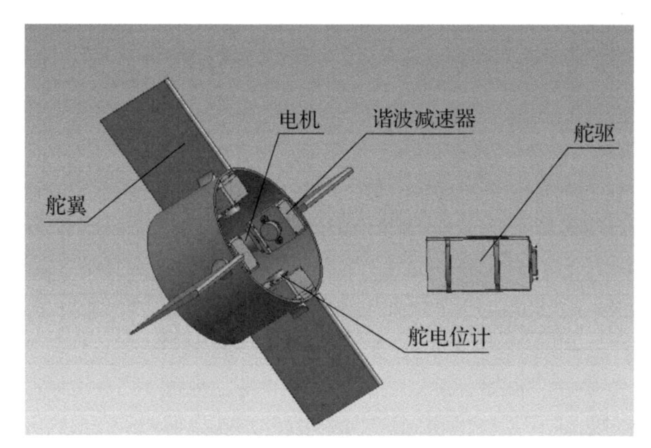

图6-6　舵机单元结构图

4. 软件设计方案

一体化飞控系统的软件设计基于分层构架，采用时间片分解与管理的方法，满足一体化飞控软件复杂性和实时多任务要求，其体系架构如图6-7所示。

一体化飞控软件由底层驱动层，时间片分解、调度与管理层，应用模块层组成。底层驱动层负责硬件的配置及驱动，将硬件与软件隔离；时间片分解、调度与管理层按时间片细分的方法，将一体化飞控的功能分类，并将每类中的功能模块依照运行时间进行分配和调度，提高管理效率；应用模块层负责具体软件功能子功能的实现，该层中的软件模块均可独立设计和更改写入，提高软件设计效率，降低软件更改成本。

①通过时间片分解、调度与管理建立应用层模块与底层驱动模块的接口，减少应用层模块与底层驱动模块的耦合性，实现应用功能的灵活配置和灵活裁剪。

②通过时间片分解、调度与管理的机制保证系统应用可以按照准确的时间周期运行，满足系统强实时的要求。

③遵循“高内聚，低耦合”的设计原则，降低应用软件模块之间的关联度，避免由于某个模块的运行发生异常而对整个系统产生影响。

④对于输入的关键信号，采用间隔多次判读的防抖动设计，能够识别因线上电平抖动引起的误触发。

⑤对于输出的关键信号，采用周期性互斥确认设计，根据系统要求对信号的状态进行一次确认操作，确保输出信号稳定可靠。

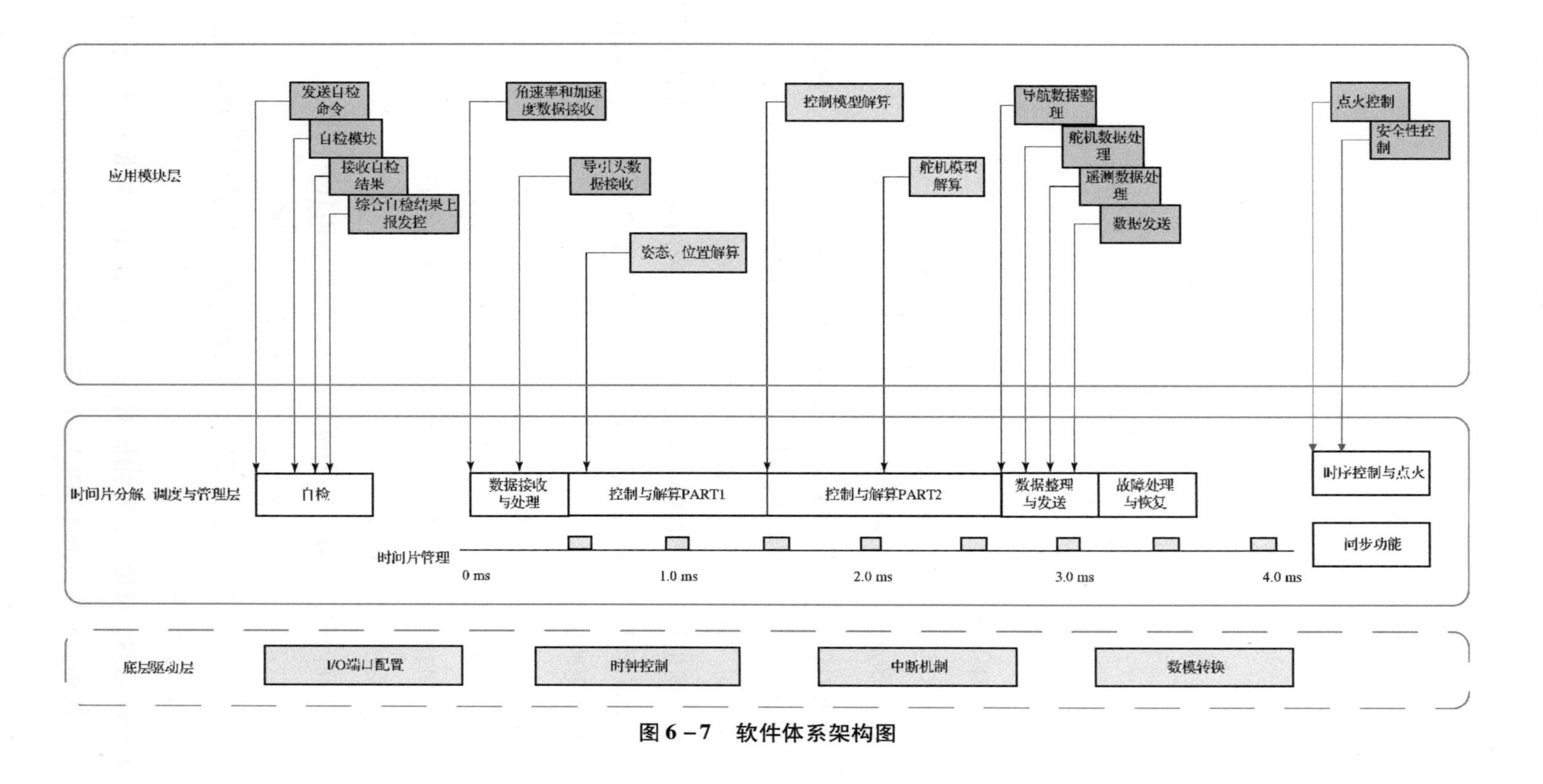
应用模块层
发送自检命令
自检模块
接收自检结果
综合自检结果上报发控
角速率和加速度数据接收
导引头数据接收
姿态、位置解算
控制模型解算
舵机模型解算
导航数据整理
舵机数据处理
遥测数据处理
数据发送
点火控制
安全性控制
时间片分解、调度与管理层
自检
数据接收与处理
控制与解算PART1
控制与解算PART2
数据整理与发送
故障处理与恢复
时序控制与点火
同步功能
时间片管理
0 ms
1.0 ms
2.0 ms
3.0 ms
4.0 ms
底层驱动层
I/O端口配置
时钟控制
中断机制
数模转换

图 6-7 软件体系架构图

5. 低成本快速制造工艺设计

(1) MEMS 惯性测量单元

惯性测量单元主要由 MEMS 陀螺、MEMS 加速度计以及补偿电路组成，其生产流程主要包括敏感芯片制造、结构加工、装配、标定测试等。敏感芯片制造使用化学腐蚀、贴片、金丝键合等工艺，已经实现了自动化；结构件可实现自动化加工；装配目前大部分是手工完成，当产品工艺固化后，通过提升自动化水平、增加部分工装设备后，每月产能能够提升 10 倍以上。惯性测量单元标定测试需要在多轴温控转台上进行，由于惯性测量单元结构尺寸较小，标定参数测试、补偿可通过自动化设备完成，并且可以同时进行多只产品的在线标定测试，满足快速制造的需求。

(2) 电动舵机

电动舵机由电机、驱动器、减速器、反馈电位计四部分组成，各部分均有专业厂家生产加工，具有成熟的自动化生产线，批量生产的一致性较好。电动舵机的组装调试主要涉及电机与齿轮配销钉、齿轮跑合、电机与谐波减速器适配、电机与驱动模块适配，手工装配调试 1 套需要 40 min，通过自动化测试设备可实现快速大批量测试。

(3) 独立测试回路设计，实现自动化测试

一体化飞控设置硬件测试态、舵机性能测试态、惯性测量单元性能测试态、模飞测试态。其中，硬件测试态用于总线传输、模数转换、离散量状态、炮口状态等硬件功能测试；舵机性能测试态用于舵机超调、带宽、延时等指标测试；惯性测量单元性能测试态用于测姿精度、位置精度等指标测试；模飞测试态用于导弹流程、点火时序、制导控制模型的解算精度测试。通过自动测试设备对各个状态进行测试，实现高覆盖率和高效测试，满足快速生产的要求。

6. 与现有产品综合对比分析

低成本小型空地导弹的一体化飞控方案基于 SOPC 平台，将共性硬件资源进行整合，进行一体化飞控集成设计，集成了某型导弹的弹载计算机、气动舵机、燃气陀螺仪和隔离开关等部件的功能，详细方案对比见表 6－3。

表 6-3 与现有产品技术对比

<table>
<tr><th colspan="2">项目</th><th>某型导弹</th><th>低成本空地导弹</th><th>价格降低</th></tr>
<tr><td rowspan="4">信息处理能力</td><td>运行频率/MHz</td><td>60</td><td>200</td><td rowspan="5">降低了30%</td></tr>
<tr><td>内存/kb</td><td>16</td><td>256</td></tr>
<tr><td>Flash</td><td>256 kb</td><td>2 Mb</td></tr>
<tr><td>外设资源</td><td>UART 控制器 ×4
CAN 控制器 ×2
PWM ×6</td><td>浮点运算器协处理器
UART 控制器 ×8
CAN 控制器 ×2
PWM ×8
可编程逻辑资源</td></tr>
<tr><td colspan="2">电源转换</td><td>各部件独立进行二次电源转换</td><td>弹上电源集中转换，提高电源利用率</td></tr>
</table>

6.3.2 固体火箭发动机低成本设计方案

1. 低成本设计途径

(1) 简化结构设计，降低长尾喷管成本

某型导弹发动机长尾喷管中衬管加工方式为带喷管缠绕，喷管型面及加工模具复杂，一套工装一次只能加工一发长尾喷管。低成本发动机长尾喷管设计方案为：将一体式结构的长尾喷管改为尾管加喷管的分体式结构，衬管型面简单，简化工艺，提高生产效率。通过导弹弹体结构及发动机的优化设计，尾管长度由 278 mm 降为 159 mm，同时降低了材料及工艺成本。

衬管成型工艺由模压变为真空等静压，提高衬管热防护能力，降低了对长尾喷管壳体的高温强度性能要求；尾管壳体由钛合金改为 30CrMnSi 钢，降低了材料成本；随着碳酚醛热防护性能提高，喷管结构方案由钼合金喷管加碳酚醛背衬结构改为钼合金喉衬加碳酚醛内衬结构，降低了钼合金坯料使用量。长尾喷管部分原材料成本对比如图 6-8 所示。

(2) 以“管”代“棒”，降低结构件成本

发动机燃烧室筒体原材料由 D6AC 棒料换为 D6AC 管料，减少材料用量及加

工周期，降低工艺难度。市场上 D6AC 钢性能普遍提升、型材品种丰富，供应商可选择性增加，适当开放燃烧室、后盖 D6AC 原材料生产厂家限制，改为市场化采购，可有效降低原材料采购成本。燃烧室壳体材料成本与筒段工艺时间对比如图 6－9 所示。

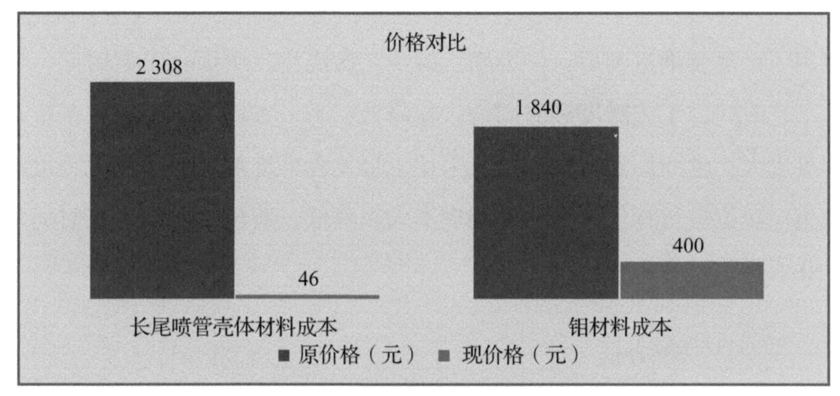

图 6－8　长尾喷管原材料成本对比

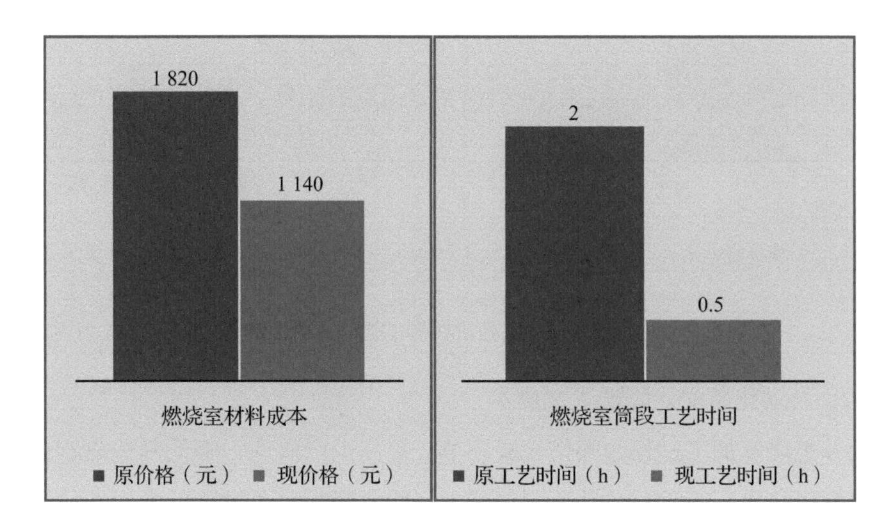

图 6－9　燃烧室壳体材料成本与筒段工艺时间对比

（3）优化推进剂配方，降低装药成本

通过对丁羟复合推进剂组分微调，可满足导弹较低特征信号要求，发动机将传统空地导弹发动机采用的少烟改性双基推进剂更换为低成本、适合大批量生产、市场成熟度高的丁羟复合推进剂。

改性双基推进剂装药工艺过程是：原材料准备同时进行包覆套制备—浇注续航级推进剂—固化—机加整形—浇注起飞级推进剂—固化—机加整形—包覆套套包—机加整形—检验出厂。丁羟复合推进剂装药工艺过程是：原材料准备同时进行包覆套制备—连续浇注续航级推进剂和起飞级推进剂—固化—机加整形—检验出厂。

改用丁羟复合推进剂后，一方面，减少二次浇注二次固化工艺时间，取消人工套包工艺时间，工艺难度和时间均大幅降低；另一方面，原改性双基推进剂由于技术难度大，生产厂家数量有限，采用丁羟复合推进剂后，市场化程度高，可从多家生产单位进行择优采购，研制成本大幅降低。装药价格与工艺时间对比如图 6-10 所示。

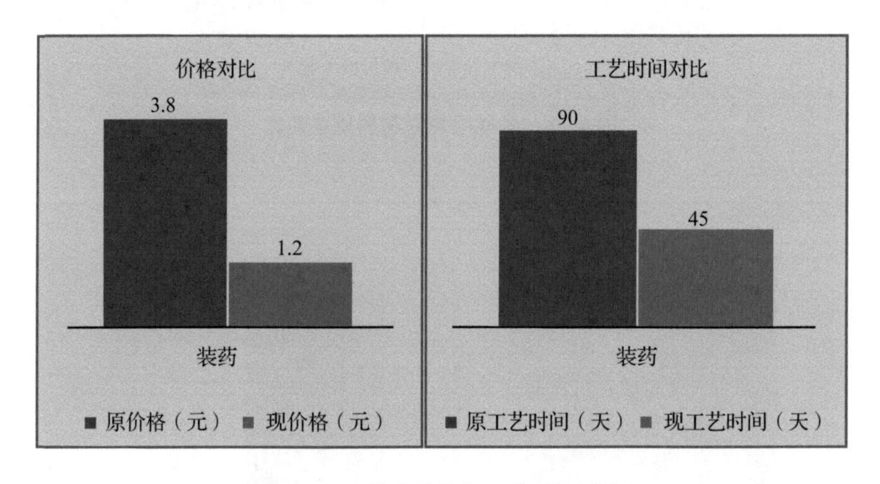

图 6-10 装药价格与工艺时间对比

（4）自动化装配，降低人工成本

合并燃烧室加工过程的探伤检验环节，提高生产效率，降低制造成本；合并装药研制单位出厂验收与总装研制单位入厂验收程序，通过降低批次抽检量，可降低批次装药的单发成本；采用自动化生产线进行装配，缩短加工、验收周期，提高装配效率，降低成本。

2. 低成本总体设计方案

低成本发动机设计为单室双推力长尾管固体火箭发动机，主要由燃烧室、装药、后盖以及点火具、长尾喷管等零部件组成。发动机结构如图 6-11 所示。

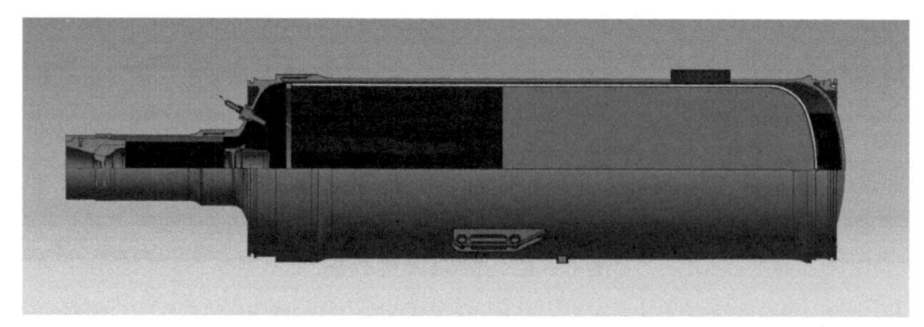

图 6－11　固体火箭发动机总体设计布局

根据导弹工作流程，点火具中的钝感点火头点燃点火药，产生点火燃气点燃主装药，通过起飞级星孔大燃面药型、高燃速推进剂装药燃烧和续航级端面燃烧药型装药燃烧，产生高温、高压气体，将化学能转换为热能和压力势能，气体通过喷管膨胀加速喷出，将热能和压力势能转换为动能，从而获得推力，为导弹飞行提供起飞级短时大推力和飞行级长时小推力。

低成本发动机技术特点如下：

①单室双推动力形式：通过星孔药型、端燃药型的设计和推进剂燃速的调节，实现了同一个发动机提供起飞级短时大推力和飞行级长时间小推力的功能。

②长尾喷管结构形式：通过长尾喷管设计，实现了动力控制舱内舵机执行机构的布局设计，同时，兼顾了直喷管的设计原则，保证了较高的能量转换效率。

3. 分系统低成本设计方案

（1）燃烧室

燃烧室是发动机装药燃烧产生燃气的容器，承受高压高温，由高强度 D6AC 燃烧室壳体内涂敷 203－4 隔热材料构成，同时，燃烧室又是导弹弹体的承力与连接部件之一，外部焊接弹翼座、滑块座、线卡座，连接导弹弹翼、滑块、线卡等相关部件。燃烧室结构如图 6－12 所示。

燃烧室壳体采用薄壁圆筒、椭球封头半封闭结构，筒体段采用 D6AC 管料旋压机加形成，前封头采用 D6AC 棒料机加形成，筒体段、前封头及外部零件通过焊接形成燃烧室壳体。203－4 隔热涂层，作为一种优良的隔热抗烧蚀材料，涂敷在壳体内部，起热防护功能。

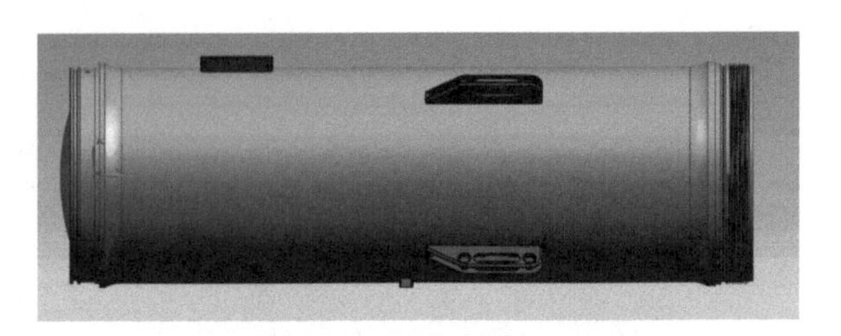

图 6－12　燃烧室设计图

（2）装药

装药是发动机的能源与工质源，通过一定的形状和速度有规律地燃烧，产生高温高压燃气，将化学能转换为热能。装药由起飞推进剂、续航推进剂以及包覆层组成，装药结构如图 6－13 所示。装药起飞级采用双星孔药型，高压高燃速丁羟复合推进剂，续航级采用端燃药型，低压燃烧丁羟复合推进剂，包覆层采用三元乙丙材料模压制备；起飞级与续航级推进剂均采用真空喷淋浇铸成型工艺，浇铸在包覆筒内。

图 6－13　发动机装药设计

（3）后盖

后盖是燃烧室壳体、长尾喷管、点火具的连接部件，同时也是发动机与控制舱体的连接部件，作为燃烧室的一部分，也需要承受高温高压燃气。后盖由后封头和隔热垫组成，结构如图 6－14 所示。

图 6－14　后盖设计

后封头采用锥形封头形式，采用高强度 D6AC 棒料机加而成，内部模压碳酚醛隔热垫，起隔热抗冲刷烧蚀的热防护作用。后盖通过锯齿螺纹与燃烧室壳体、长尾喷管相连，球头外有与导弹连接的后连接裙和安装点火具的连接接口。

（4）长尾喷管

长尾喷管是发动机的能量转换装置，一方面通过喷管喉部面积的大小控制燃气的流量，使燃烧室内的燃气保持设计压力，保证装药正常燃烧，另一方面使燃气通过膨胀加速，将热能转换为动能，从而产生推力。长尾喷管由尾管和喷管组成，通过螺纹连接，结构如图 6－15 所示。

图 6－15　长尾喷管设计方案

尾管由尾管壳体和衬管组成，尾管壳体选用 30CrMnSi 合金钢管机加而成；衬管由碳布抗冲刷层与高硅氧布绝热层复合缠绕而成，采用真空等静压工艺压制成型；衬管与尾管壳体通过粘接形成尾管。喷管为锥形喷管，由喷管壳体、喷管内衬、喉衬机加黏结组成。喷管壳体选用 30CrMnSi 合金钢管机加而成，喷管内衬采用碳酚醛模压而成，喉衬由纯钼材料机加而成。

（5）点火具

点火具是发动机的发火装置，负责点燃主装药。点火具由钝感电点火头、点火药盒和点火药包等组成，置于后盖长尾喷管入口处，导线通过电连接件引出，点火具安装位置如图 6－16 所示。

图 6－16　点火具设计方案及安装位置

点火具由 68 号钝感电点火组件发火，点燃点火药（HY－5 黑火药），点火药在赛璐珞点火药盒中充分燃烧，形成点火燃气，点燃主装药。

4. 低成本快速制造工艺设计

（1）简化机械加工工艺，缩短结构件加工周期

某型导弹发动机燃烧室壳体加工周期最长的是筒段加工。筒段工艺流程：下料—自由锻造—正火—等温球化退火—粗镗内孔—检验—旋压—去应力退火—车大头—车小头—粗车外形—粗车内形—车夹位—精车内孔—精车外圆—磁粉探伤—检验—清洗。主要影响快速制造的工序为自由锻造—正火—等温球化退火，粗车外形—粗车内形—车夹位—精车内孔—精车外圆，而且其中的热处理费用较高，时间较长。

为了响应大批量快速生产以及低成本的理念，从设计上将筒身棒料毛坯改为管料毛坯，改管料毛坯后，可省略自由锻造—正火—等温球化退火等工序；自由锻造每天的锻造量只有 20 件，按每批 200 件算，每批可节约锻造时间 10 天；另外，热处理可节约时间 2～3 天；新建筒身自动化生产线粗车外形—粗车内形—车夹位—精车内孔—精车外圆合成一道工序自动化车，加工时间由原来的 2 h 变成 0.5 h。

某型导弹发动机后盖与控制仓连接方式为斜拉螺钉连接方式，低成本发动机改为螺套连接，取消精铣斜槽及镗内孔、使用高精设备五轴加工中心等较为耗时的加工工序，约缩短加工时间 1 h，降低加工成本。

改用丁羟复合推进剂后，一方面减少二次浇注二次固化工艺时间，取消人工套包的工艺时间，工艺难度和时间大幅降低，原工艺周期由 90 天缩短为 45 天。

（2）采用标准通用工艺，实现喷管批量化生产

某型导弹发动机长尾喷管中衬管加工为带喷管缠绕，型面及模具复杂，一套工装只能进行一发加工，并且无法通用；低成本发动机长尾喷管设计将原一体式结构改为分体式结构，如图 6－17 所示，衬管型面简单，与同类型发动机一致，一套模具可加工多发产品，并且模具甚至产品毛坯都可通用，加工时间大为缩短。

（3）合并检验工序，缩短部件流转周期

某型导弹发动机原有前封头焊接检验和外挂件焊接检验两个工序，现为便于快速制造，重新设计检验工装，将两次焊接检验合并进行，节约周转及探伤检验时间 2 h。

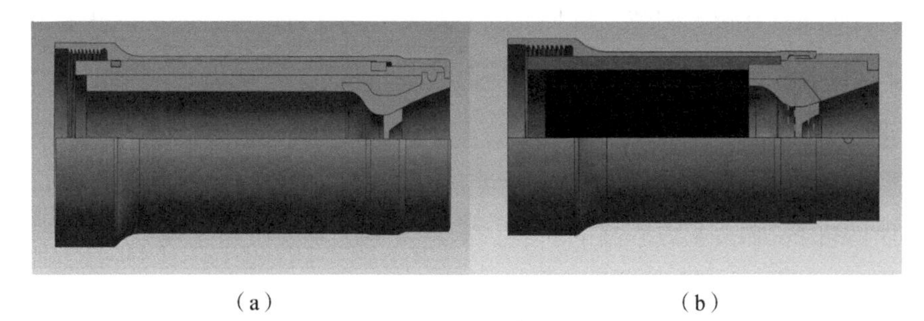

（a）　　　　　　　　　　　（b）

图 6－17　低成本设计长尾喷管结构设计对比

（a）原型；（b）低成本

（4）自动化装配检验，提高发动机生产效率

某型导弹发动机总装为在人工生产线上进行装配，低成本发动机通过更换产品工装、优化装配工艺、设置可识别的统一基准等，采用自动化总装生产线，该自动化装配线大量采用自动化设备，实现发动机产品自动化装配、物流自动化传输、质量特性和物理特性自动化检测等，降低操作人员劳动强度。

自动化装配线采用机械手、输送线等多种方式，实现产品的自动化流转、物料输送和上下线，实现柔性化装配生产；自动完成摆差、直径、长度、重量等产品检测工序，采集检测数据，并对质量数据进行判定，将不合格品进行自动标识剔除。采用自动化总装生产线后，单班能增加发动机装配数量 20 套。

5. 与现有产品综合对比分析

在设计低成本小型空地导弹固体火箭发动机时，充分借鉴现有固体火箭动力系统的新型装药、先进加工工艺和新型材料应用，全新设计的单室双推力固体火箭发动机在兼顾性能的基础上，降低了成本，提高了快速加工制造的工艺性。

6.3.3　破甲杀伤战斗部低成本设计方案

1. 低成本设计途径

（1）零部件标准化设计

针对某型导弹战斗部采用的非标准化设计，将非标的螺纹尺寸调整为标准螺纹；将尺寸特殊的产品（如密封圈）调整结构尺寸后更改为通用的标准件；在满足配合精度的条件下，将配合要求过高的地方更换为标准、常用的配合公差。例如，前级壳体周围空间较大，先将前级壳体直径公差由 9 级降低为 11 级；隔爆座尖端前部具有较大间隙，故将长度公差去掉，改为自由公差。依托零部件的标准化设计，降低了零部件的采购和加工成本，提高了产品的良品率。

（2）壳体材料成型毛坯设计

某型导弹战斗部壳体均由铝棒经过精密机械加工而成，但存在材料切削量大、加工耗时长和人工成本高的问题，不能满足低成本快速大规模制造的需求。现将成型方案更改为依托成型毛坯快速机加成型的方式，可节约 50% 铝材用料，并缩短单发壳体加工时长 20%。依托壳体材料成型毛坯设计，同时降低了原材料费用和加工费用。

（3）破片低成本一体化设计

相对于某型导弹空地导弹的串联破甲战斗部，破甲杀伤战斗部在设计中增设了预制破片，增加了有生力量杀伤功能。传统类似的战斗部采用钨破片块方案，装配时采取的是逐片粘贴的方式，造价高，装配效率低。

根据现有杀伤半径的指标要求，采用钢球破片设计方案，材料成本降至原有钨破片方案的 30%；同时，将加工工艺调整为外注钢球筒缠绕至壳体外部的方式，加工效率从原有的 5 套/(人・天）提升至 30 套/(人・天)，人工成本降低至原有的 17%。

2. 低成本总体设计方案

低成本小型空地导弹采用的破甲杀伤战斗部由前级战斗部和主级战斗部组成；前级战斗部布置于导引头后侧，通过弹体电子部件和隔爆座同主战斗部分开，以降低前级作用时对主级战斗部的影响，如图 6-18 所示。

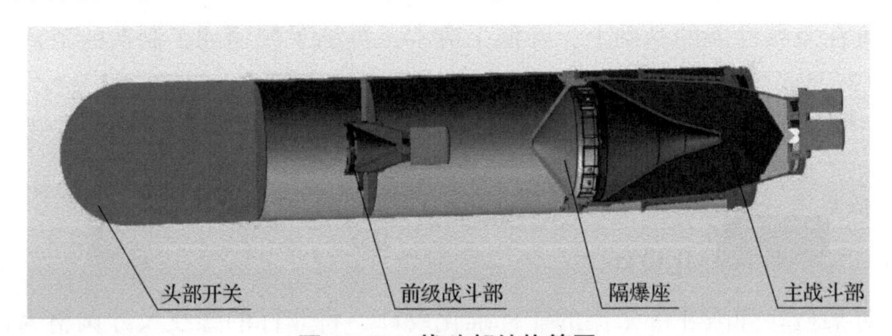

图 6-18 战斗部结构简图

低成本破甲杀伤战斗部设计了两级方案，为提高两级战斗部的毁伤效能，需设计合理的工作流程，其工作流程如图 6-19 所示。

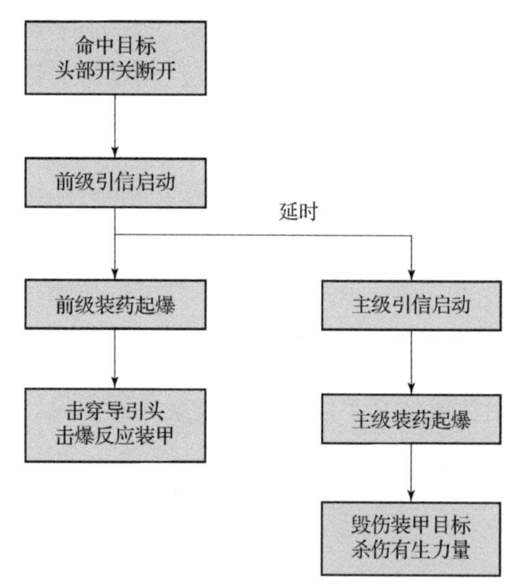

图 6－19　破甲杀伤战斗部工作流程图

3. 分系统低成本设计方案

(1) 前级战斗部设计方案

前级战斗部设计方案应确保其射流在击穿导引头后可靠击爆反应装甲，同时，还要考虑前级战斗部与主级战斗部的隔爆问题。为提升前级战斗部威力，采取低成本装药设计，方案如图 6－20 所示。

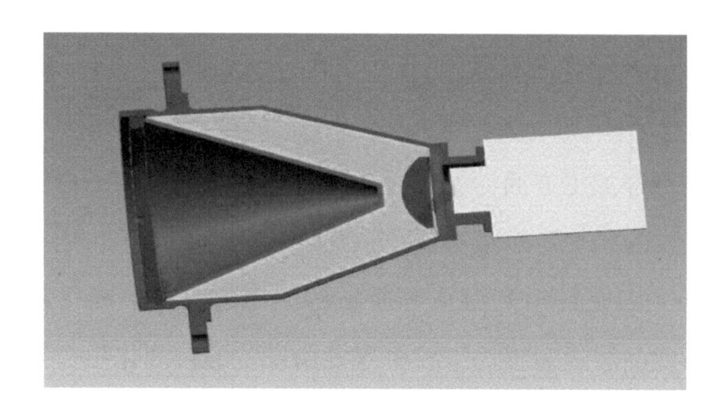

图 6－20　前级战斗部结构示意图

(2) 主级战斗部设计方案

主级战斗部是实现破甲、杀伤威力指标的基础和关键，在总体给定的重量和结构尺寸约束条件下，设计的主装药方案应能同时满足破甲、杀伤威力指标要求。

主级战斗部采用了可有效提高聚能装药战斗部侵彻威力的成熟技术，如双锥等壁厚药型罩、隔死型爆轰波形调整器以及尖点起爆等关键技术，在保证战斗部性能的同时，降低了技术风险。

针对战斗部杀伤威力要求，需要在聚能装药的基础上增加杀伤功能。根据主装药基本结构，在主药柱的外侧合理布置钢球预制破片，利用主药柱爆轰能量，在压垮药型罩形成射流的同时，驱动预制破片以设计的初速和方向飞散，实现破甲、杀伤两种功能。为保证战斗部破甲威力与杀伤威力得到合理匹配，在主装药方案设计过程中，利用数值仿真手段对设计方案进行了设计验证和优化。主级战斗部设计方案如图 6－21 所示。

图 6－21 主级战斗部（含隔爆座）设计图

4. 低成本快速制造工艺设计

（1）构建精益机械加工生产单元

在战斗部结构件加工方面，一是通过改造现有生产布局，构建小型柔性化生产单元，将生产线由“一”字形布局改造为“L”形布局，实现由原来的 1 人/机提升至 1 人/2 机；二是针对药型罩等简易构型零件，在集成六轴机器人、自动上下料装置、半成品转运装置、工控机等专用设备的自动化生产线上加工，产量可提高至原有的 3 倍以上。

（2）战斗部装药工艺技术提升

在战斗部装药生产方面，一是进行工艺技术改进，针对主药柱压制工艺“瓶颈”，通过改进模具加温方式，可将单发药柱加工时间由 5.25 h 缩短至 2.75 h，单台设备生产效率提高 66.7%；二是改造生产布局，通过技术改造，将现有分散点式压药生产布局改造为集约化生产单元，由3人/机提升为3人/4机，在现有人员条件下，可实现三班制全天连续生产。

（3）战斗部装配过程自动化水平提升

在战斗部装配方面，将钨破片人工逐片粘贴的方式更改为注装钢球破片筒机器缠绕的方式，操作简单、快捷，单件装配工时缩短至原有工艺的12%。同时，引入专用检测设备，减少检测人员需求，提高产品的检测效率。

5. 与现有产品综合对比分析

低成本空地导弹采用的破甲杀伤战斗部，在方案设计时，充分考虑了成本控制和快速加工制造性。其与某型导弹战斗部的对比分析详见表6-4。

表6-4　与现有产品综合对比分析

内容	技术方案		对比分析	
	某型导弹	低成本空地导弹	某型导弹	低成本空地导弹
前级装药	单药柱方案	主、副药柱加隔板精密装药方案	可对付PBFY-1反应装甲	威力得到提升
主装药	传统聚能装药方案	破甲、杀伤多功能装药方案	单一射流毁伤元	射流、破片两种毁伤元，破甲毁伤同时兼具破片杀伤功能
壳体毛坯	铝棒	挤压毛坯	材料切削量大，加工耗时	节约材料，机加方便
尺寸公差	高级别尺寸公差	部分尺寸放宽公差要求	公差严格，加工难度大	在不影响性能的前提下，放宽部分公差要求，降低加工难度
机加生产布局	“一”字形	“L”形	1人/机 操作人员多	1人/2机 操作人员减半
压药工艺	模具加热采用电阻式加热棒，分散点式压药生产布局	模具加热采用电磁感应加热方式，集约化生产单元	药柱压制时间长，人员成本高	药柱生产效率提高66.7%，生产线总人数由18人减少至6人

续表

内容	技术方案		对比分析	
	某型导弹	低成本空地导弹	某型导弹	低成本空地导弹
装配检测	人工检测	人工+检测专机	单人检测数量每天30发	单人检测数量每天100发

6.3.4 触发引信低成本设计方案

1. 低成本设计途径

(1) 安全与发火控制电路集成化设计

产品成本构成中，电子元器件的采购成本占直接成本比重较大，涉及的部件为安全与发火控制电路，其功能为接收弹上解除保险能量及信号，感知可信发射环境，按照预定流程控制S&A机构解除保险。将逻辑控制单元、电源模块、电子开关及其外围电路元器件进行集成化设计，大规模生产采购时，将有效降低元器件采购成本，同时提高产品可靠性和生产工艺性。

电路部件包含电源隔离模块、EMC模块、电子开关模块、单片机和开关识别模块，总计约52类，133只元器件。

单片机采取FPGA集成化设计取代，设计引信通用的国产化处理器，一次流片可生产至少5万只，电阻、半导体、光电子器件采取厚膜混合集成的设计方式，可进行大规模、自动化、流水线生产，月产量万只以上，可大幅减少装配工时，提高装配质量和效率。设计引信电路部件通用筛选测试自动化设备，可批量进行自动化检测筛选，大幅减少筛选工时和人员数量，节约人工成本约300元。

(2) 产品零部件自动化生产线适应性设计

通过增加产品工艺特征、调整产品工艺结构，使其适应自动化生产的需要，提高产品的制造水平。在S&A机构中，回转体、坐体、壳体增加定位特征，以唯一位置固定在工装进行各类装配操作。

利用信息化、自动化技术设计新型高效检测工装和设备，电路部件实现一次性接口测试，实现测试数据自动采集、判读、数据库存储。整个生产、测试过程减少生产过程中的人工介入，节约人力成本50%，同时提高生产效率60%。

通过自动化生产的引入，减少了人工介入，保证了实物产品的一致性，提升实物产品的质量水平。结合多年的验收统计数据，可采用较低的抽样水平完成对批产品质量的验证，降低产品验证消耗费用。产品组批数由 500 发/批调整到 1 000 发/批，而不提高抽样数，验收试验消耗降低 50%。

2. 低成本总体设计方案

（1）系统组成

引信主要由前级引信和主级引信等组成。前级引信由前级 S&A 机构及其安全与发火控制电路组成，主级引信由主级 S&A 机构及其安全与发火控制电路组成。两级引信的安全与发火控制电路进行一体化设计，在结构上与主级 S&A 机构组成主级引信。引信由弹上电源供电，上述各组成部分通过与战斗部和导弹的机械、电气连接，构成一个完整的引信系统，组成如图 6－22 所示。

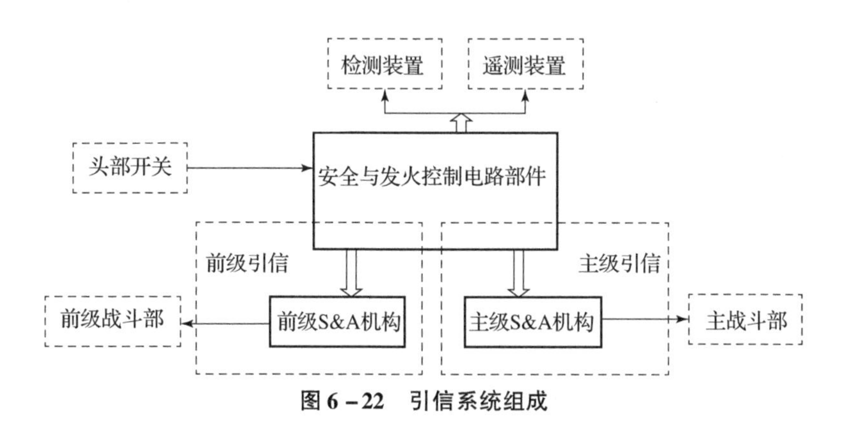

图 6－22　引信系统组成

（2）工作流程

引信工作流程如图 6－23 所示。

3. 分系统设计方案

（1）Ⅰ级 S&A 机构

Ⅰ级 S&A 机构主要由电保险装置Ⅰ、电保险装置Ⅱ、后坐保险机构、电雷管短路机构、电点火管短路机构、电雷管接电机构、回转体、无返回力矩钟表机构、壳体及传爆序列等组成，如图 6－24 所示。

Ⅰ级 S&A 机构的作用是保证平时及发射时的安全、发射后解除保险、导弹命中目标及在安全距离外落地后起爆前级战斗部。

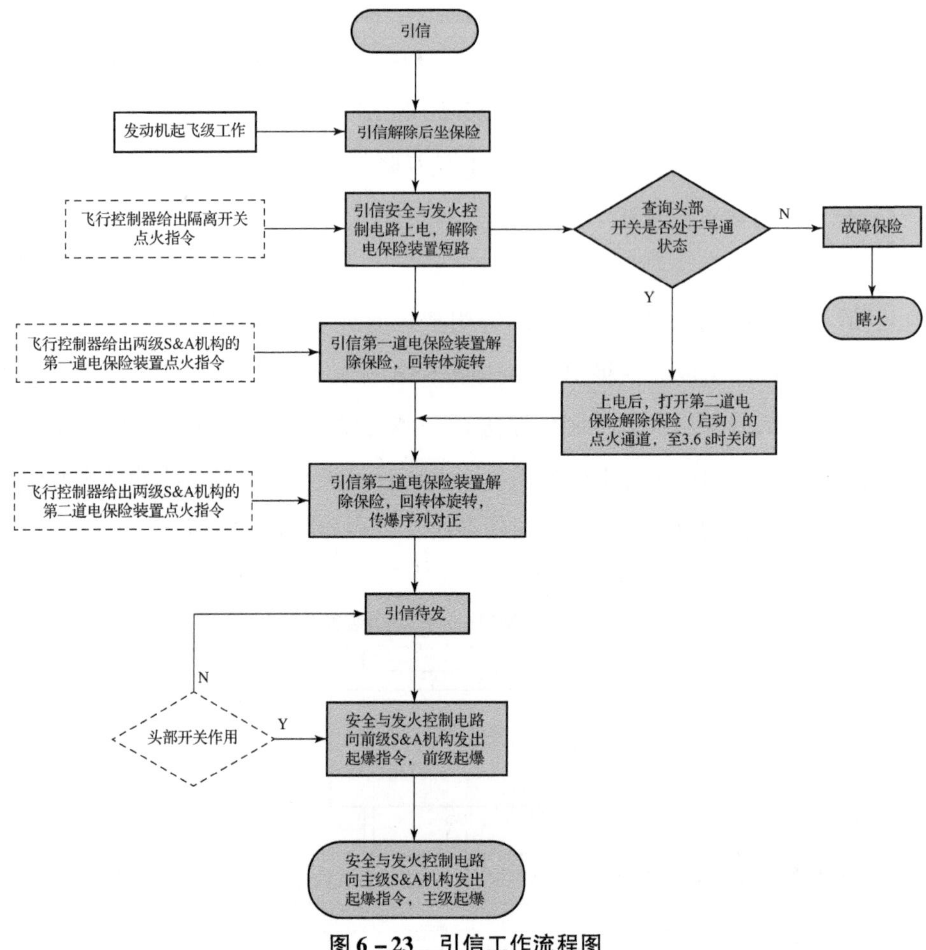

图 6－23　引信工作流程图

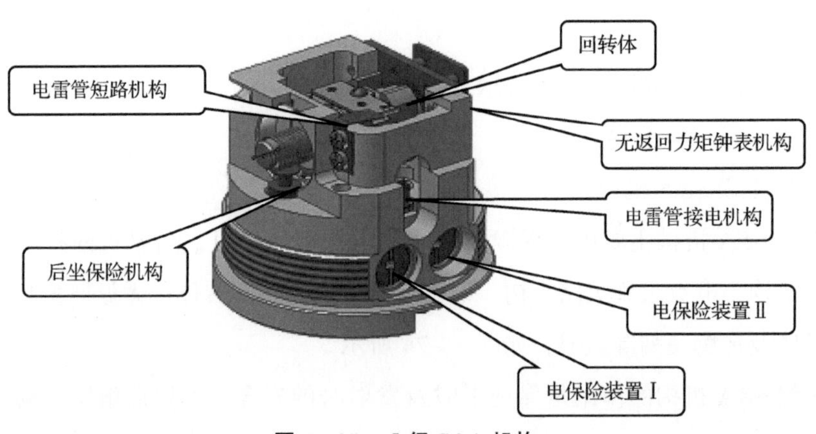

图 6－24　Ⅰ级 S&A 机构

（2）后坐保险机构

后坐保险机构主要由后坐保险筒、后坐保险簧等组成。其功能是在勤务处理时，后坐保险筒在后坐保险簧作用下，位于回转体制转销的旋转轨迹上，防止回转体转动至解除保险状态。导弹发射后，后坐保险机构在持续不小于轴向后坐过载作用下，后坐保险筒克服后坐保险簧抗力下沉，脱离对回转体制转销旋转运动的干涉，解除后坐保险。

（3）电保险装置 I

电保险装置 I 主要由 39 号电点火管、保险销、保险簧、盖螺筒、十字支片、螺盖等组成，其功能是在勤务处理、发射和安全距离内，将回转体锁定在隔爆位置，导弹发射后，由导弹一体化飞控给出解除保险指令，解除对回转体的锁定。

（4）电保险装置 II

电保险装置 II 的组成与电保险装置 I 的相同。导弹发射后，在电保险装置 I 解除保险后，将回转体限制在隔爆位置，使回转体不能继续转正到位。在导弹发射后的预定时域，一体化飞控给出解除电保险指令，解除对回转体在隔爆位置的锁定，释放回转体，使之能够继续转动至对正位置。

（5）电雷管短路机构、电雷管接电机构

电雷管短路机构由回转接电片、短路簧片甲等组成。电雷管接电机构由回转接电片、本体接电片部件等组成。

电雷管短路机构的作用是在引信解除保险前，使电雷管处于短路状态，保证平时勤务处理和发射时的安全；利用回转体的旋转运动而解除短路。

电雷管接电机构的作用是在引信解除保险前，将电雷管与控制电路部件的电雷管发火执行电路断开，引信解除保险后，将电雷管接入电雷管发火执行电路。

（6）II 级 S&A 机构

II 级 S&A 机构的组成与以 I 级 S&A 机构相同，只是由于与战斗部机械接口不同而在壳体上有差异。外壳的作用是在解除保险后通过导爆管可靠传递爆轰，满足起爆主战斗部的要求。另外，引信通过外壳与主级战斗部进行机械连接。

4. 低成本快速制造工艺设计

(1) 电路部件生产工艺改进

元器件筛选采用自动筛选设备，实现无人操作，提高测试效率，实现低成本、大规模生产和应急要求，压缩筛选周期。

电路部件核心模块采用厚膜集成化设计，按照流水线方式组织生产、测试、筛选，采用自动化、大批量、通用型设计，减少人工介入后，保证产品质量和一致性。

进一步简化筛选流程，在板级筛选中，温度应力仅保留温度循环应力和电应力筛选，部件筛选仅保留随机振动和高、低温应力筛选。电路部件生产周期由30天缩短至10天。

(2) 装配生产线设备提升

采用自动铆接设备、自动焊接设备、螺丝拧紧设备、自动灌封设备等自动化设备，装配由全人工操作提高到半自动化水平，部分工序达到全自动操作。测试设备自动识别、筛选试验环境进行自动化测试并生成报表，减少人员数量，缩短生产周期。按照专用产品制造的单元式生产模式，调整生产线工序布局，优化产品流转物流布局，减少不必要的物流过程，提高作业效率，节约20%生产时间。

5. 与现有产品综合对比分析

与现有引信相比，低成本小型空地导弹触发引信在设计时充分汲取了现代电子技术，采用厚膜集成技术对产品通用质量特性进行了优化提升，减少了元件数量，降低了结构复杂度。产品设计参数优化、工艺性提高。增加了时序和时间窗保险特性，提高了引信发射及弹道安全性。产品对比分析详见表6-5。

表6-5 产品对比分析表

序号	某型导弹	低成本小型空地导弹	对比分析
1	采用以单片机为控制芯片的数字电路	以FPGA为控制芯片，通过厚膜集成技术进行二次集成	减少元器件数量，降低了复杂程度，提高了产品可靠度

续表

序号	某型导弹	低成本小型空地导弹	对比分析
2	导弹直接控制保险件解除	增加了解除保险时序和时间窗等保险特性	提高了产品安全性
3	部件装配工艺按照普通生产线设计	零部件装配工艺按照适应自动化生产线设计	提高了产品的制造水平，整体装配时间缩短

6.4　低成本工程实现

6.4.1　发动机低成本工程实现

1. 选择性价比高的结构件

燃烧室筒身由 D6AC 棒料变为管料，省略自由锻造—正火—等温球化退火等工序，缩短加工周期；喉衬材料选择纯钼材料，由原来的结构件变为功能材料，节约材料成本。燃烧室结构件如图 6－25 所示。

图 6－25　燃烧室结构件

2. 优化连接方式

由于低成本发动机后盖与控制仓连接方式为螺套连接，取消铣斜槽及镗内孔，取消使用五轴加工中心等耗时加工工序；点火具安装座与后封头采用焊接方式，降低加工成本。

3. 选用丁羟复合推进剂

与改性双基推进剂相比，减少二次浇注二次固化工艺时间，取消人工套包工艺时间，工艺难度大幅降低，缩短了加工周期。

4. 分体式结构

低成本发动机长尾喷管设计将一体式结构改为分体式结构，衬管型面简单，一套模具可加工多发产品，并且模具甚至产品毛坯都可通用，工艺时间大为缩短。长尾喷管结构如图 6－26 所示。

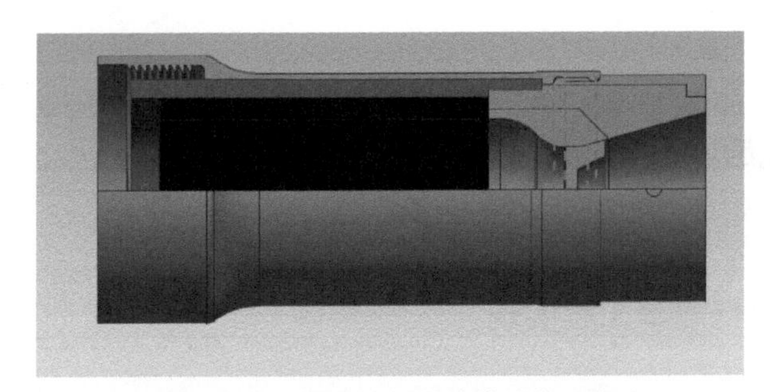

图 6－26 低成本长尾喷管结构示意

5. 采用自动化加工、装配生产线

采用筒身自动化生产线（图 6－27），粗车外形—粗车内形—车夹位—精车内孔—精车外圆合成一道工序自动化车，大大缩短加工时间。

图 6－27 自动化生产线

采用总装生产线，实现发动机产品自动化装配，物流自动化传输，质量特性和物理特性自动化检测等，降低操作人员劳动强度；该自动化装配线采用机械手、输送线等多种方式，实现产品的自动化流转、物料输送和上下线；满足工厂现有产品、系列化产品及科研生产需要，实现柔性化装配生产；自动完成摆差、直径、长度、重量等产品检测工序，采集检测数据，并对质量数据进行判定，将不合格品进行自动标识剔除，提高装配效率。

6.4.2　一体化飞控低成本工程实现

低成本小型空地导弹一体化飞控由综合控制单元、惯性测量单元、舵机单元构成。其中：

综合控制单元：实现制导控制解算、姿态解算、位置解算、舵控模型解算以及弹上任务的统一调度和管理。图 6－28 进行了示意。

惯性测量单元：实时敏感并向综合控制单元输出弹体角速率信息和加速度信息。图 6－29 进行了示意。

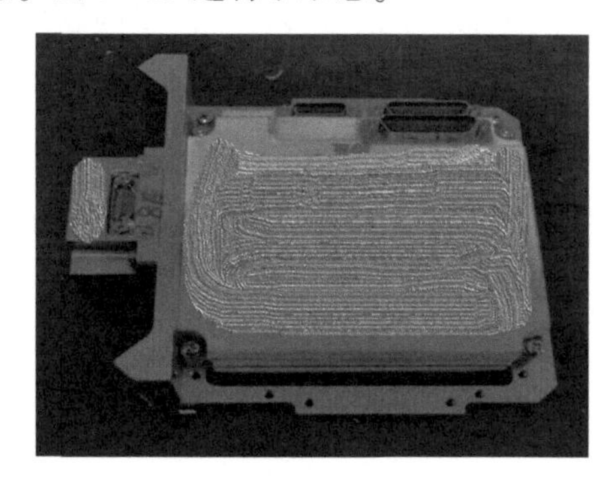

图 6－28　综合控制单元

图 6－29　惯性测量单元

舵机单元：按照控制指令，驱动舵翼偏转，为导弹飞行提供控制力矩。

1. 低等级器件的应用与防护

在一体化飞控硬件实现中，整合综合控制单元核心处理板、点火电源板、惯性测量单元信息处理板、舵机驱动板中的阻/容/感器件及接插件，按精度及可靠性要求进行品种分类，减少器件型号，大量选用低等级或工业级代替军品级器件，降低基础器件的硬件成本；同时，对电源管理、供电电路、点火电路等集成模块选用 PCB 工艺替代传统厚膜工艺，降低模块化集成电路的硬件成本。此外，采用发泡材料填充电路空间，实现器件实体包围，提升印制板支撑强度，可实现电路的防腐蚀、防霉菌，保证低等级器件的抗冲击特性，对于散热要求较高的电源类器件，通过塑封磨具设计保证器件表层裸露，达到高效排热效果，实现各单元电路的低成本及高可靠性。图 6－30 展示了综合控制单元的塑封防护设计。

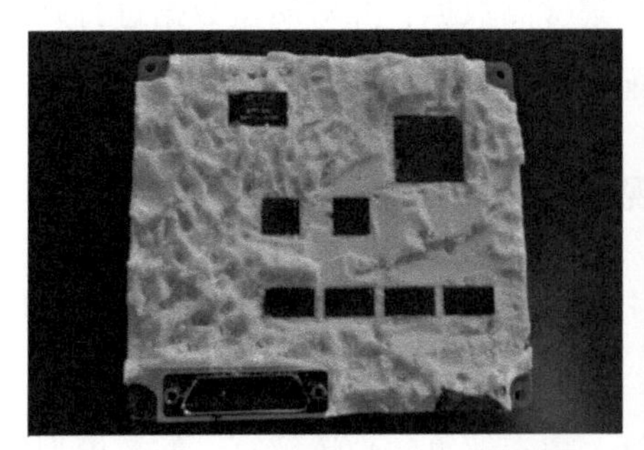

图 6-30 综合控制单元塑封防护设计

2. 硬件替代优化设计

在综合控制单元实现中，研究采用了数字协议优化设计替代传统 I/O 器件，对于一体化飞控，对导引头视线角采集中视线角信号传输不同步问题，通过软件设计实现数字标志位实时更新，替代传统 I/O 电平采集的同步中断方式，优化目标探测回路信息获取流程，简化制导控制回路信息处理方案，消减了电平转换器件消耗，降低硬件成本。图 6-31 展示了数字标志位与视线角更新的同步情况。

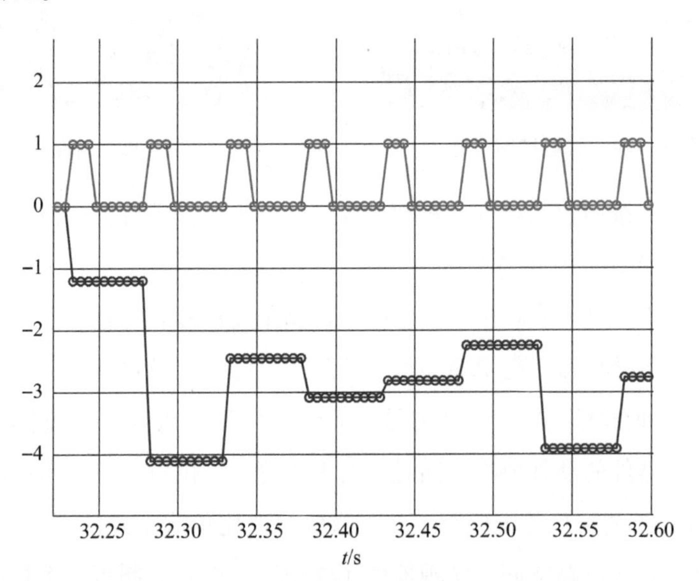

图 6-31 数字标志位与视线角更新的同步示意

3. 低成本 MEMS 陀螺的减振措施

针对低成本空地导弹采用的 MEMS 陀螺，减振结构采用表头独立减振方案，如图 6－32 所示。采用该减振结构，一方面，可以隔离安装应力、释放表头跟壳体结构热膨胀不匹配引起的机械应力；另一方面，可有效衰减高频振动，从而确保陀螺温度和力学环境适应能力。同时，通过陀螺设计保证远离弹体谐振频率，避免陀螺谐振频率和弹体谐振频率重叠，确保低成本 MEMS 器件飞行状态下姿态测量的稳定性。

图 6－32 陀螺减振结构

4. 针对低成本 MEMS 加速度计的抗冲击措施

为保证 MEMS 加速度计弹上应用环境的抗冲击性能，在惯性测量单元实现中采用冲量分离设计。其中，石英音叉的三个轴向定义如图 6－33 所示，X 轴为敏感轴。由冲击摸底试验得出结论：Z 轴抗冲击能力最弱。因此，为提高 IMU 整体的抗振动和抗冲击性能，在结构设计上使三轴陀螺仪的 Z 轴均不与滚转轴方向一致，确保三轴陀螺仪可以承受最大的冲击。三轴陀螺仪的安装方向如图 6－34 所示。为提高加速度计的抗冲击能力，同时，在加速度计与结构件之间增加了减振胶垫，避免加速度计电路板与结构件之间刚性连接。

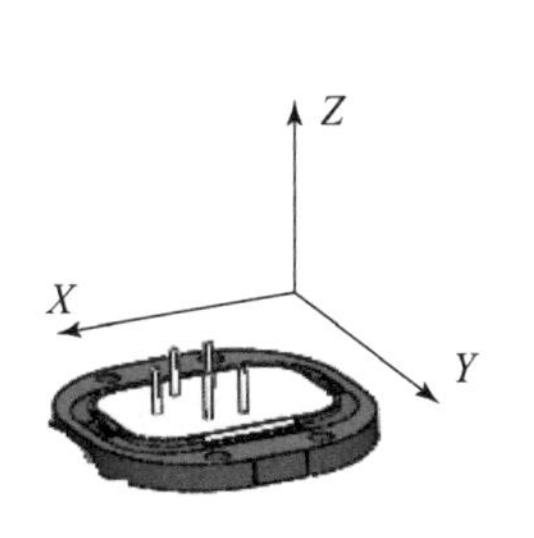

图 6－33 石英音叉的轴向

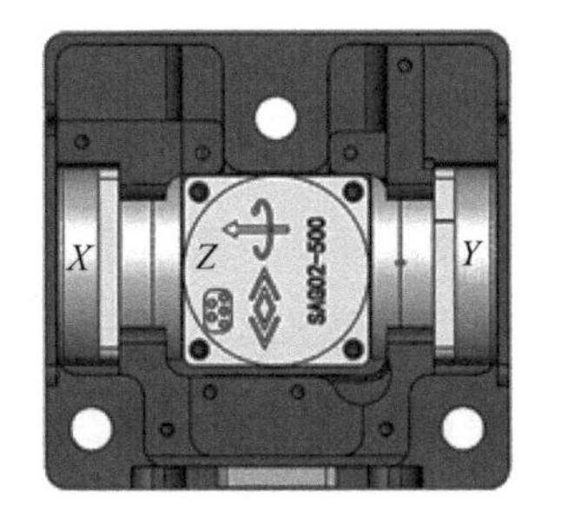

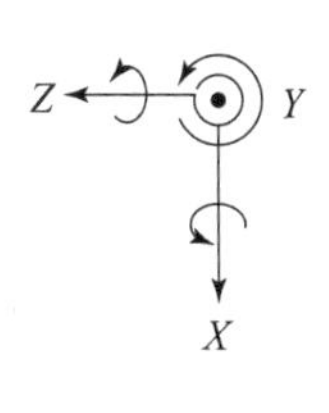

图 6－34 三轴陀螺仪安装方向

5. 舵机低成本谐波传动优化技术

图 6－35 展示了某型低成本舵机。通过采用弧伞齿形技术，提高齿轮重合度；通过控制柔轮与刚轮啮合间隙，大幅提高工作回传精度和稳定性，使传动刚性增加 3～5 倍，最终实现高精度、高工作稳定性、高负载传动；通过调整刚轮齿宽，使二级谐波传动加工装调工艺更加简便，成本低，空间体积小，质量小，为该类型电动舵机技术低成本、高品质发展奠定基础。通过工艺摸索，选用特种宽温润滑油脂，量化油脂容积比和添加部位，同时，调整传动系统轴向间隙，并通过高低温度试验反复考核，有效解决低温舵机摆速下降技术难题。

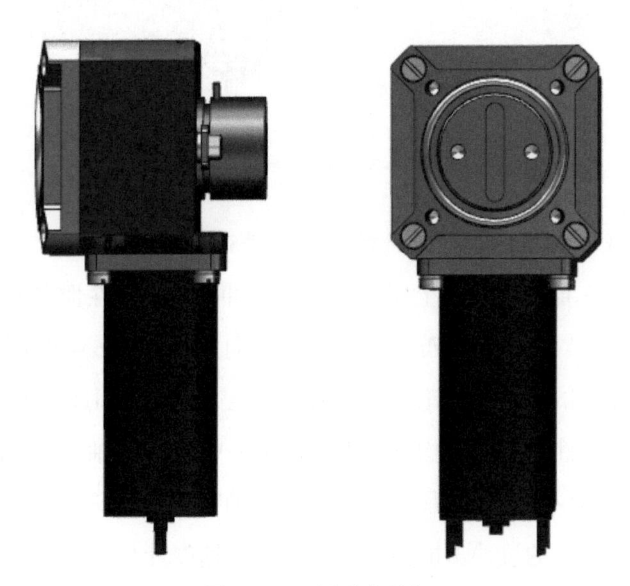

图 6－35 低成本舵机

6. 低成本舵机控制算法优化设计

针对低成本电动舵机超调、跟踪性能指标不佳的特点，优化舵控模型及相关算法，采用指令、反馈分段控制策略，通过算法改进弥补舵机本体特性的缺陷，实现了舵机控制的摆速、超调、误差等指标的均衡最优化设计，保证舵机单元的“低成本＋高性能”。表 6－6 展示了分段控制策略对低成本舵机指标提升的对比情况。

表 6－6　分段控制策略对低成本舵机指标的提升对比

指标项目	指标要求	舵机性能（优化前）	舵机性能（优化后）
舵偏转角速度/[（°）·s^{-1}]	≥150	280	305
超调量/%	≤20	15	8
延迟时间/ms	≤5	3.4	2.8
稳态误差/（°）	≤0.3	0.18	0.18

7. 舵机控制模型的 FPGA 逻辑实现

一体化飞控综合控制单元集成制导控制解算、姿态解算、位置解算、舵机控制模型解算，运算内核资源紧张，为保证在低成本运算平台基础上计算资源的适当冗余、确保核心计算可靠性，同时，为缩短舵机控制周期、提高舵机控制实时性，将舵机控制模型移植至可编程逻辑资源，通过并行架构实现模型快速计算，并释放内核运算压力，提高低成本信息处理平台的可靠性及运算速率。图 6－36 展示了采用 FPGA 后某舵控模型运算时间及效率对比，相比于传统方式，运算时间大为缩减。

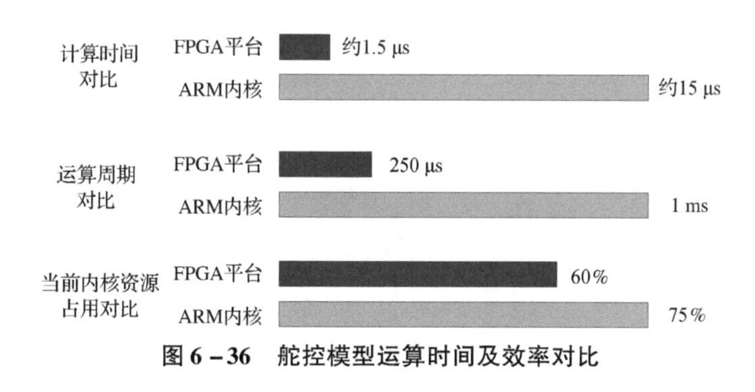

图 6－36　舵控模型运算时间及效率对比

8. 面向 MEMS 的初始对准策略优化设计

针对低成本 MEMS 陀螺上电角增量输出跳动大，受温度影响大，漂移不稳定问题，通过将清零流程从上电自检阶段搬移至导航启动前，优化时序清零策略，大幅提高了 MEMS 陀螺姿态测量精度，实现了一体化飞控导航系统的低成本及高性能。图 6－37 和图 6－38 分别展示了导航清零策略优化前和优化后，MEMS 姿态计算与基准值的对比情况。可见采用导航清零策略优化后，MEMS 姿态计算精度显著提升。

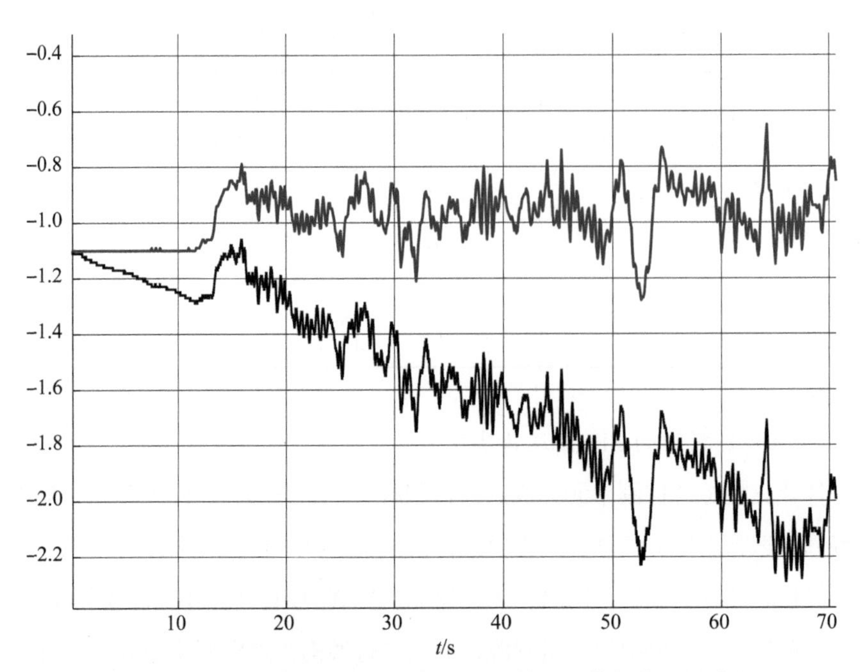

图 6-37　导航清零策略优化前 MEMS 姿态计算与基准值对比

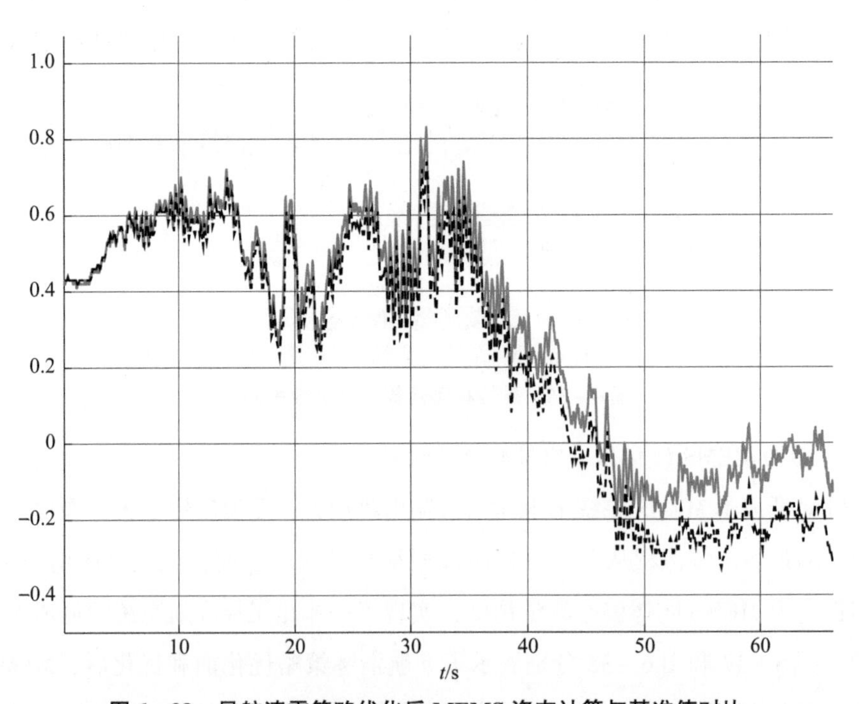

图 6-38　导航清零策略优化后 MEMS 姿态计算与基准值对比

9. 一体化飞控结构防护及优化设计

针对制导舱自由飞振动环境下振动量级放大问题，设计形成“L”形飞控支架并开展多方向全频段模态仿真，通过多轮试验数据反馈分析并进行结构改进，确定 IMU 固定面最佳厚度及卡槽梁最佳位置，形成最优化飞控支架设计，显著降低了一体化飞控 MEMS 器件飞行状态下震动量级，保证惯性测量器件工作环境的最优状态。图 6－39（a）展示了“L”形飞控支架结构振动量值优化前后对比，图 6－39（b）展示了优化后的“L”形飞控支架。

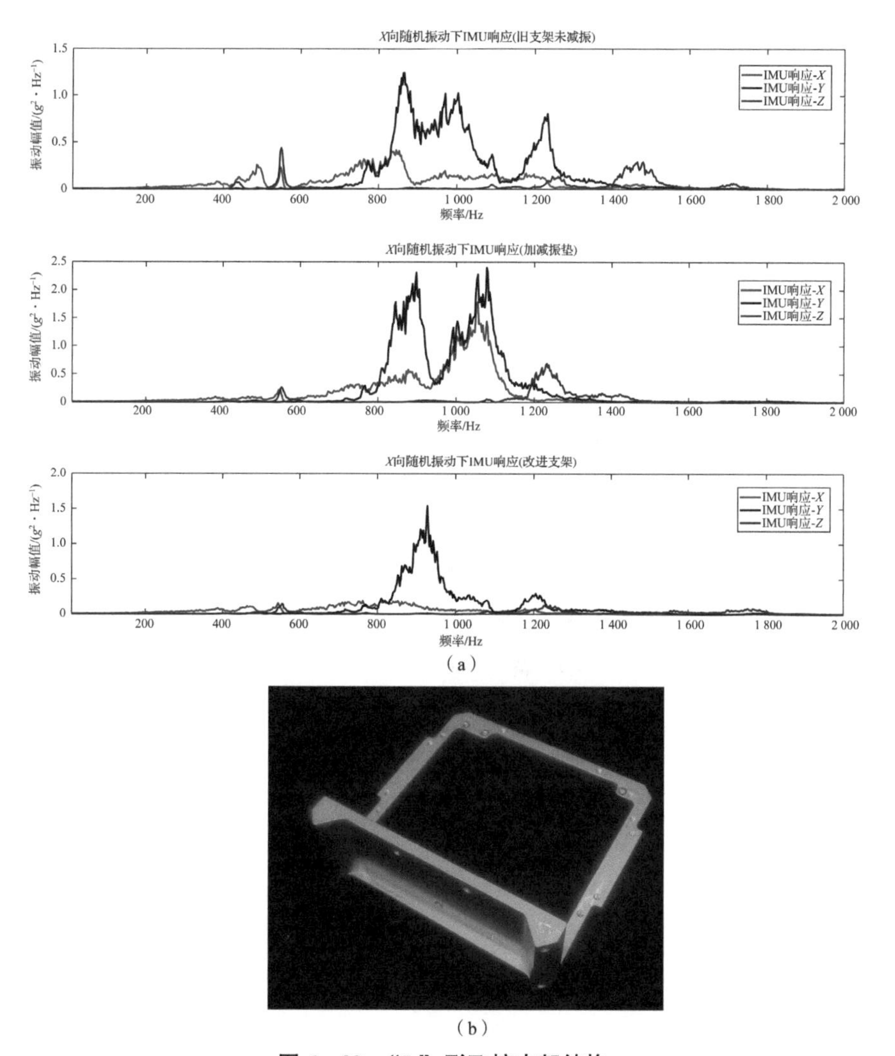

图 6－39　“L”形飞控支架结构

（a）振动量值优化前后对比；（b）优化后的飞控支架

6.4.3 战斗部低成本工程实现

战斗部在设计中提出了零部件标准化设计、壳体材料成型毛坯设计、破片低成本一体化设计三个低成本技术方向，经过设计、工艺研究、试制与验证，低成本技术措施已在工程中实现应用。具体措施有：

①战斗部配合非标的螺纹尺寸全部调整为标准螺纹；

②密封圈通过调整结构尺寸更改为通用的标准件；

③将前级壳体直径公差由9级降低为11级，降低加工难度；

④隔爆座尖端前部具有较大间隙，将长度公差去掉，改为自由公差；

⑤战斗部壳体将成形方案由铝棒机械加工更改为依托成型毛坯快速机加成形的方式；

⑥通过破片一体化设计，将钨破片逐片粘贴的方式调整为外注钢球筒缠绕至壳体外部的方式。

低成本制造的前级战斗部如图6－40（a）所示，战斗部零部件如图6－40（b）所示，主战斗部如图6－40（c）所示。

（a） （b） （c）

图6－40 低成本制造的战斗部

（a）前级战斗部；（b）战斗部零部件；（c）主战斗部

6.5　大规模应急生产设计

6.5.1　一体化飞控

1. 模块化单板塑封设计及快速组装

综合控制单元信号处理板及电源点火板采用单板分离设计，实现模块化单板塑封，其板间接插件选用通用工业级可插拔连接器实现产品的物理拼接及信息交互，通过通用圆形柱及螺钉可实现与飞控支架的快速组装，简化了产品制造流程，可满足产品快速生产及大规模制造的需求，如图 6 – 41 所示。

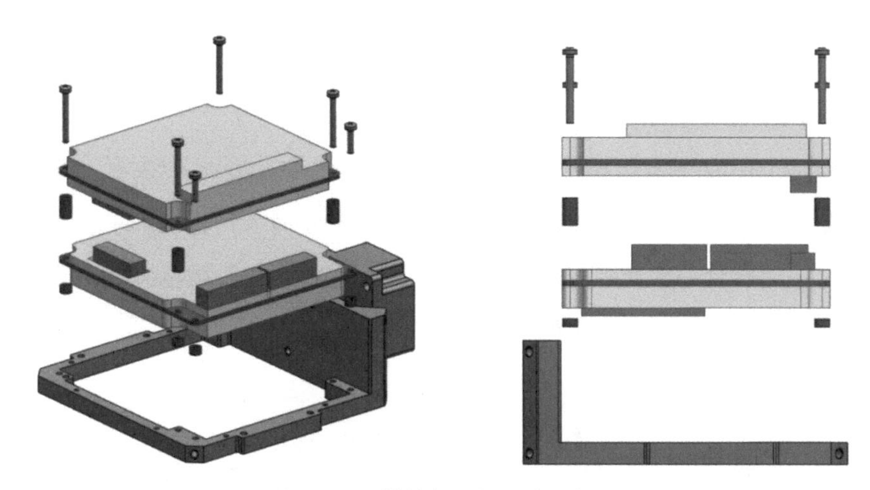

图 6 – 41　模块化单板组装示意图

2. 综合控制单元完备测试态设计

综合控制单元设置多种硬件测试模式，可依据低成本小型空地导弹测试规范依靠自动测试设备对电路的通信回路、运算单元、存储电路、电源精度、点火回路等各个状态进行快速测试，与传统手动测试方法相比，实现了硬件电路的高覆盖率和高效测试，满足了快速生产的要求。图 6 – 42 展示了某大规模自动化测试设备实物。

3. 石英音叉批量生产

石英音叉的加工成本直接决定了陀螺的成本。加工过程主要包括掩膜制备、

图 6-42 大规模自动化测试设备实物图

光刻、化学腐蚀、金丝绑定、音叉贴装、激光修调、封装、测试等。通过上述工艺，在一片石英基片上可以同时加工数十只音叉。音叉加工的大部分工艺都已经实现了自动化，比如化学腐蚀、贴片、金丝键合等。

4. MEMS 器件批量测试工装的设计

陀螺或 IMU 的测试占用了大部分生产周期，为了提高测试效率，设计了专用的批量测试工装，包括结构和批量采集电路。测试时，可将多个工装安装至转台台面，一台转台一次最多可以同时测试近百只陀螺。单轴批量测试工装和 IMU 批量测试工装分别如图 6-43 和图 6-44 所示。

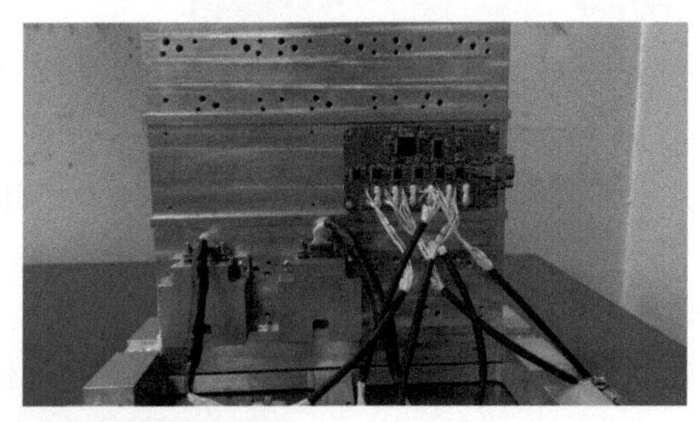

图 6-43 批量测试工装

在生产过程中，设计了电路板拼板筛选工装，可以检测整个拼板上的陀螺电路板，用于提前剔除不合格的电路板，提高了生产的合格率。另外，设计陀螺仪标度因数快速测试工装，实现无须上转台即可快速测试陀螺的标度因数，节省了安装至转台以及测试和计算数据的时间，提高了生产效率，降低了设备成本。

图 6-44　电路及陀螺标度因数批量测试工装

5. MEMS 器件批量测试软件及数据处理

设计可自动控制温箱和转台，并且采集陀螺或 IMU 数据的批量测试软件，不仅减少了人工操作，还提高了测试效率。设计了批量计算测试结果并将测试结果自动保存成数据文件的数据处理软件，包括对 IMU 静态（零偏、零偏稳定性、零偏重复性等）、标度（标度因数、标度因数非线性度、标度因数重复性等）、全温零偏、振动、冲击等测试数据的处理软件，可满足大规模生产测试的需求。

6. 空心杯电机及谐波减速器的应用

某低成本小型空地导弹舵机选用谐波减速器传动机构及空心杯电机（图 6-45），采用单元组合方式实现模块化设计，广泛应用于工业机器人及自动化生产组装设备，电机及减速器采用无人化自动化生产模式，可保证产品一致性，废品率大大降低，大幅度提高产品组装调试效率，可满足大规模生产需求。

图 6-45　空心杯电机及谐波减速器组合设计

7. 四路同步零位标定法

为解决大规模应急生产过程中出现的舵机零位标定精度低、散布大、人工操作效率低的问题，低成本舵机单元设计采用“机械压控 + 反馈自修正”的四路同步零位标定方法，图 6 – 46 对其进行了示意。通过高精度机械控制保证舵面与舱体垂面的机械精度，引入电位反馈实现机械零位与电零位的高精度重合，实现舵机单元的自动化标定，确保舵机单元大批量生产过程中零位标定的高效、快速、精确。

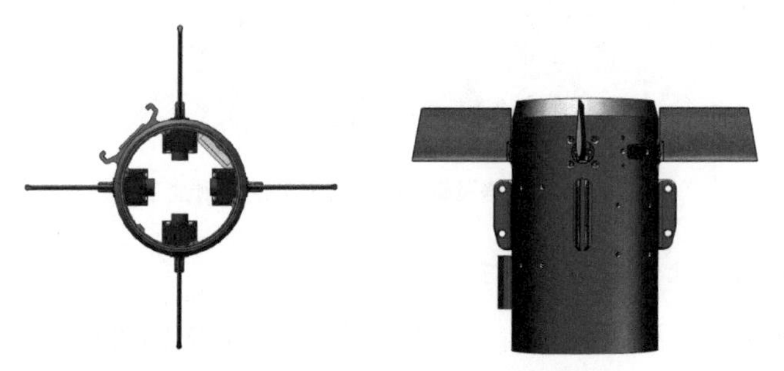

图 6 – 46 四路同步零位标定示意图

6.5.2 战斗部

战斗部在大规模生产方面的技术措施主要有以下三方面：

1. 构建精益机械加工生产单元

战斗部在第一阶段研制过程中，某加工单位通过构建的小型柔性化生产单元，实现生产效率翻番；药型罩等简易构型零件，在集成六轴机器人、自动上下料装置、半成品转运装置、工控机等专用设备的自动化生产线上加工，产量提升 3 倍以上。

2. 提升战斗部装药工艺技术

战斗部在第一阶段研制过程中，某加工单位厂在战斗部装药生产方面，通过改进模具加温方式实现将单发药柱加工时间缩短，单台设备生产效率提高；通过生产布局的技术改造，实现 3 人/机提升为 3 人/4 机。

3. 提升战斗部装配过程自动化水平

战斗部在第一阶段研制过程中，加工单位在战斗部装配方面，通过改变破片缠绕方式，实现单件装配工时缩短。同时，引入专用检测设备，减少检测人员需求，提高产品的检测效率。

6.5.3 发动机

1. 选用适合的型材，缩短加工周期

针对发动机零部件加工“瓶颈”工序，进行适应性优化设计。从材料上将筒身棒料毛坯改为管料毛坯，改管料毛坯后，可省略“瓶颈”工序自由锻造—正火—等温球化退火。筒体工艺对照表见表 6 – 7。

表 6 – 7 发动机筒身对照表

项目	某型导弹筒体	低成本筒体
工序流程	下料—自由锻造—正火—等温球化退火—粗镗内孔—检验—旋压—去应力退火—车大头—车小头—粗车外形—粗车内形—车夹位—精车内孔—精车外圆—磁粉探伤—检验—清洗	下料—粗镗内孔—检验—旋压—去应力退火—车大头—车小头—自动化车—磁粉探伤—检验—清洗
瓶颈工时/h	2	0.5
成本差异	锻造费用 200 元/件，热处理 150 元/件，材料费 1 472 元/件	无锻造费，无热处理费，材料费 1 140 元/件

2. 简化结构件设计，提高工艺水平

低成本发动机长尾喷管设计方案为尾管加喷管的分体式结构，喷管型面简单，简化工艺，提高生产效率。通过导弹弹体结构及发动机的优化设计，缩短了尾管长度，同时降低了材料及工艺成本。

3. 新建自动化生产线，提高自动化水平

发动机自动化生产线，实现多品种、变批量、连续化、自动化、柔性化、智能化生产方式，其中，发动机燃烧室筒身自动化生产线采用高精度全抱式、全胀式夹具，解决了薄壁件自动装夹和加工变形的国际技术难题，机床配置高压气吹功能和内冷系统，解决了加工断屑和零件定位精度的难题，并实现了自动在线测量和自动上下料；壳体焊接自动化生产线采用机器人作业，数字化控制，实现了复杂焊接作业的智能化生产；自动化真空热处理生产线，实现了中远程自动控制，可在无人值守条件下进行连续生产，是首条集气冷淬火、油冷淬火、回火、退火、正火、清洗等多功能于一体的自动化真空热处理生产线。图 6－47 展示了该发动机自动化生产线。

图 6－47 发动机自动化生产线

建成发动机后盖、发动机筒体类等柔性自动加工单元生产线、发动机自动装配线，建成的发动机自动装配线可实现物料智能立体仓储、物料自动周转以及装药、拧紧、喷码、检测、包装等工序无人化，生产过程数字化管理，能够满足各类发动机批量生产的能力。

4. 优化生产线工装设计，降低周转频次，提升工艺质量

针对燃烧室壳体工序复杂现状，通过两台车铣复合加工中心，以及发动机车铣复合加工的专用工装夹具，合并车铣工序，减少装夹浪费和转运浪费。将工序中精车外形、车长度、车椭球体端、精铣外部零件、切除工艺台、加工弹翼座孔、钻定位销孔合并成车铣复合一道工序，具体工序对照见表 6－8。

表 6－8 燃烧室壳体工序对比

<table>
<tr><th>项目</th><th>工序名称</th><th>加工时间/min</th><th>年产量/件</th></tr>
<tr><td rowspan="7">某型导弹加工工艺</td><td>精车外形</td><td>20</td><td rowspan="7">4 000</td></tr>
<tr><td>车长度</td><td>10</td></tr>
<tr><td>车椭球体端</td><td>20</td></tr>
<tr><td>精铣外部零件</td><td>30</td></tr>
<tr><td>加工弹翼座孔</td><td>15</td></tr>
<tr><td>切除工艺台</td><td>10</td></tr>
<tr><td>钻定位销孔</td><td>15</td></tr>
<tr><td>低成本加工工艺</td><td>车铣复合</td><td>80</td><td>12 000</td></tr>
</table>

6.6　低成本检验验收方法

6.6.1　传统验收成本分析

1. 验收成本构成分析

一直以来，关于战术导弹的检验验收均采用抽样理论指导验收实践，即从每一批次的导弹中随机抽取几枚导弹样品发射，军方根据试验结果好坏再决定是否购买。然而，该方法在验证导弹可靠性的同时，也必然会破坏导弹，并且随着测试导弹数量的增加，导弹的成本也水涨船高，主要表现是：

①按照传统抽样方法，要提高置信度，需增加样本量。但随着样本量的增加，相应的消耗成本也会提高；如果为降低试验成本而减小试验样本量，验收结果的置信度同时也会降低。

②由于战术导弹生产批量小，且价格高昂，在鉴定验收时无法组织多次大样本试验鉴定，只能抽取少量样品进行试验。

③除去战术导弹消耗性试验增加的成本外，在导弹验收过程中还有一些与导弹本身没有直接关系的成本，例如，在验收过程中产生的运输、试验、人工费用等。

2. 战术导弹检验验收成本构成

在战术导弹生产制造过程中，以导弹成品检验验收成本为例，其主要检验验收成本，包含靶场飞行试验弹药消耗成本与检验验收人工成本等部分。

（1）导弹成品检验验收成本

以美军 AGM－114“海尔法”反坦克导弹为例，假设其年采购量约为 2 000 枚，单枚导弹价格约为 50 万元人民币。

按照生产首批鉴定检验抽样 10 发，5＋5 试验方案，按照第一样本计算，单发成本 50 万元，靶场飞行试验弹药成本鉴定检验为 250 万元以上。

假设后续组批按照质量一致性每批抽样 6 发，3＋3 试验方案，按照第一样本计算，单发成本 50 万元，质量一致性检验为 150 万元以上。

（2）检验验收人工成本

以“海尔法”反坦克导弹总装工厂为例，假设其检验试验人员为 100 余人，人工工资费用为20万元/人，每年工资费用为2 000万元以上，通过导弹的低成本生产制造设计，提高生产制造、检验验收整个流程的自动化效率等，可缩短人员检验验收时间或减少检验验收人工岗位，从而大幅缩减检验验收人工成本。

（3）检验验收成本

由上述分析可知，按照年采购量2 000枚计算，分8个批次验收，“海尔法”反坦克导弹成品检验验收成本主要为靶场飞行试验弹药消耗成本，每批试验成本在150万~300万元，试验成本最低为1 300万元。

3. 制约成本的主要因素分析

检验验收的目的是确保所有物资、零部件在生产过程中都满足性能要求后才能进入下一道工序，保障上一道工序的半成品满足下一道工序的要求。为确保产品生产的全过程处于受控状态，用户代表在生产过程中从物资进厂验收、零部件加工、部件验收、成品装配和验收等环节对质量进行检查和监督。

（1）自动化生产检验水平较低

传统战术导弹生产制造过程自动化水平较低，多道工序均需人工检测和验收，由此造成人员检验验收时间和人工检验验收岗位数量居高不下，不仅带来较大的安全隐患，人工检验验收效率和验收一致性也较低，同时，检验验收人工成本较高。

若战术导弹大规模采用自动化生产线，不仅产品质量一致性可得到大幅提升，自动化产线也可实现在线自动检测，依靠仪器设备实现产品的自动测试、自动数据采集、自动判读，甚至自动调整。

（2）检验项目和生产过程检验重复

外购器材进厂验收，机加零部件，部件装配、验收，总装，成品交付过程，用户代表都需监督和验收。部分军检项目和生产过程检验重复，使得检验周期和检验成本增加。如外购件进厂验收中，用户代表会对弹上重要部件进行抽检，生产制造过程中，产品总装前，专检人员也会对上述部件进行全数检验，检验内容和检验设备与军检一致，属于重复检查。在后续装配过程中，还需要经过联试、通电等多次检验，均能对其质量进行把控。若将进厂验收和装配前检查进行适当合并，可大幅缩减检验验收成本。

（3）导弹成品检验验收成本较高

战术导弹通常按照年度订货量，分多个批次进行批量生产，首批需进行鉴定检验，抽样10发，采用5+5试验方案，后续批次进行质量一致性检验，每批抽样6发，采用3+3试验方案，以年度订货量2 000发为例，分8个批次进行生产，每批次250发，按照第一样本计算，共需抽验26发导弹。

6.6.2 低成本检验验收方案设计

在当前战术导弹常用抽样检验方法基础上，结合实际需求，提出最小样本量截尾值的序贯检验（MTST）和贝叶斯最小样本量截尾值的序贯检验（BMTST）两种低成本检验验收方法，实现战术导弹低成本高效检验验收。

1. 检验验收方法

抽样检验（也称抽样试验）是根据抽样方案和试验设计原则，利用随机抽取的样本进行试验，所得的样本试验结果或用于判断批产品合格与否、能否接收，或用于推断战术技术指标性能的过程。目前，战术导弹批检试验主要应用以下几种抽样检验方法。

（1）计数标准型抽样检验

计数标准型抽样检验主要分为一次抽样检验方案和二次抽样检验方案。一次抽样检验方案是指从该批次产品中只抽取一次样本量为 n 的子样本进行检验，根据不合格产品数 d 以及合格判定数 A_c 来判定该批次产品合格与否；而二次抽样检验则是在一次抽样检验方案基础上必要时再抽取一次样本。

计数标准型抽样检验的优势在于能简便地制订抽样检验方案，能同时控制生产方风险和使用方风险 β，适用于不需要利用历史批的信息或质量要求严格的孤立批产品；在战术导弹定型试验阶段，仅仅生产小部分导弹样品用于定型试验，对该孤立批样品，适合采用计数标准型抽样检验方法。但其不足之处在于：抽取的样本量较大，检验所需费用较高；不能有效利用历史检验批的信息，不适用于连续批次的抽检。

（2）计数调整型抽样检验

调整型抽样检验方案，就是在产品质量检验正常的情况下，采用一个正常的抽检方案进行检验；当产品质量变坏或生产不稳定时，换用一个严一些的方案，使使用方的风险更小一些；而如果产品质量比所要求的质量稳定时，则换一个宽一些的抽检方案，使生产方风险小一些。

采用这种抽检方法必须预先选好三个抽检方案：正常抽检方案、加严抽检方案和放宽抽检方案。然后建立一套规则，按照它进行抽检方案之间的调整。调整型抽样检验的优势在于能够利用历史批的检验信息，根据检验结果及时调整抽检方案，有益于保护双方的利益，适用于连续批次的批检试验。但其缺点在于，调整型抽样检验仍然显得样本量较大、费用较高。

（3）序贯抽样检验

序贯抽样检验一般采取“试试看、看看试”的试验策略，试验所需样本量依赖于试验过程的中间结果，序贯检验所需的试验样本量不再是一个固定值，而是一个随机变量。

以某计数型产品的抽样检验为例，对经典抽样检验与序贯抽样检验之间的差异进行说明。

经典抽样检验：一次抽取 20 件样品进行试验，如果不合格样品数少于 3 件，则接收该批产品，否则，拒绝该批产品。

序贯抽样检验：对上述抽取的 20 件样品，取 3 件样品进行试验。

步骤 1：如果 3 件样品都为次品，则停止试验并拒绝该批产品。

步骤 2：如果第一次试验中的不合格品数 $x_1 < 3$，则第二次抽取 $3 - x_1$ 件样品进行试验。

当抽取的 $3 - x_1$ 件样品都为不合格时，停止试验并拒绝该批产品。第二次试验中的不合格品数 $x_2 < 3 - x_1$，并在第三次试验中抽取 $3 - x_1 - x_2$ 件样品进行试验。如此继续，直到抽取的累积试验样品数量达到 20 件或累积不合格品数达到 3 件为止。

序贯检验充分利用了试验的过程信息，能尽早地作出统计判定，相对于经典的固定试验样本量的抽样检验方案，该方法能大幅度地节省抽样检验的平均试验样本量，节省抽样试验成本。

（4）计数序贯抽样检验

计数序贯抽样检验自建立以来，一直在不断地改进与发展。针对该方法实际试验次数可能无法控制、工程运用实施困难的缺陷，人们首先提出截尾序贯概率比检验方法。后来针对截尾数较大的问题，通过改进判决准则的构造方法，提出了序贯网图检验法。也有许多学者或将序贯分析方法应用到参数估计上，或将其与贝叶斯方法相结合，使得样本容量进一步减小。当前，序贯方法仍在不断地优化改进，以满足新时期下武器装备试验的要求。

（5）截尾序贯检验

对具有“高成本、破坏性”试验特点的产品进行检验时，为提高产品抽样检验的效率，降低抽样检验的检验成本，一般采用截尾的序贯检验方案。在产品质量的抽样检验中，当质量指标所属分布不相同时，如二项分布、指数分布、正态分布等，相应的截尾序贯检验及最优截尾序贯检验的定义也各有不同。

截尾序贯检验方案的样本量截尾值（试验中的最大试验样本量）对试验成本预算起着决定性作用。样本量截尾值过大将极大地增加试验成本的预算。特别地，当试验样品有限或获取困难时，检验方案的样本量截尾值过大，甚至可能导致试验无法实施。为此，研究计数型产品成功率参数 p 的最小样本量截尾值的序贯检验方案，以满足降低“高成本、破坏性”产品抽样检验的试验成本预算的要求。

（6）序贯网图检验法（SMT）

序贯网图检验法的基本思想是通过在原检验问题中插入一个新的检验点，将检验问题分成两个，再对这两个新的检验问题分别采用 Wald 序贯概率比检验方法，获得试验方案。图 6－48 对序贯网图检验法进行了示意。

序贯网图检验法解决了 Wald 序贯检验法因继续试验区为半开放区域而无法事先确定试验最大样本量的问题。但值得注意的是，在试验的开始阶段，新的继续试验区完全包含了 Wald 序贯检验法的继续试验区，有可能出现当采用 Wald 序贯检验法能作出判决时，而序贯网图检验法却仍处于继续试验区的情况，这势必会导致实际试验次数的增加。

序贯网图虽然解决了最大样本量的确定问题，但在实际试验方案设计中，常常要求限制试验次数，也就是要求在限定的样本量 n 内结束试验。因此，在序贯网图的基础上，又研究了序贯网图截尾检验方法。序贯网图截尾检验方法在设计检验方案时，对给定的检验参数 p_0、p_1 及双方风险 α、β，在一定的解算规则下，用计算机搜索法确定截尾试验次数 n_t 及其对应的判决数 r_1。图 6－49 给出了序贯网图截尾检验方法试验方案制订的示意图。

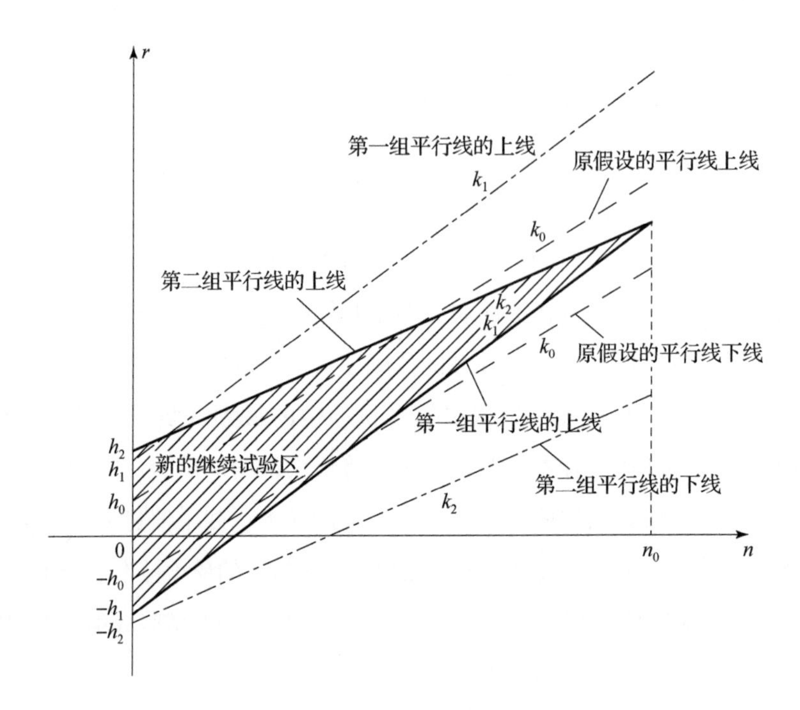

图 6－48　序贯网图检验原理

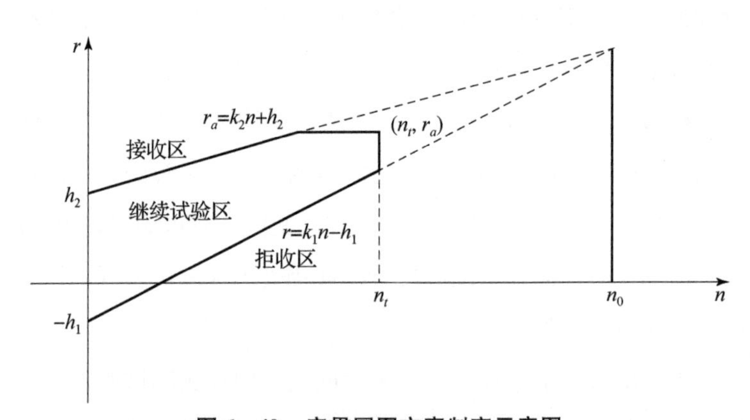

图 6－49　序贯网图方案制定示意图

序贯网图截尾检验方法与序贯网图检验方法一样，在试验初始阶段的继续试验区均要大于序贯检验方法的继续试验区，这就使得当采用序贯检验方法能进行判决时，使用序贯网图或序贯网图截尾检验方法还需再继续试验的情况，有可能增加试验的实际次数。

2. 最小样本量截尾值的序贯检验方法（MTST）

1）概念与定义

对二项分布计数型产品成功率 p 的抽样检验，作复合假设：

$$H_0: p \geqslant p_0, \quad H_1: p \leqslant p_1 (p_0 > p_1) \tag{6.1}$$

且满足限制条件：

$$\begin{cases} \Pr\{H_0\} \leqslant \alpha_0, & p \geqslant p_0 \\ \Pr\{H_0\} \leqslant \beta_0, & p \geqslant p_1 \end{cases} \tag{6.2}$$

式中，α_0 称为生产方的名义风险，为产品合格却被拒收的概率上限；β_0 称为使用方的名义风险，为产品不合格却被使用方接收的概率上限。在本书中，将（α_0，β_0）称为统计假设（6.1）的检验水平。

对统计假设（6.1），给出截尾序贯检验的定义如下。

定义1：设 L_1，L_2，…，L_{N_t} 和 U_1，U_2，…，U_{N_t} 为两列单调递增整数列，且满足：

$$\begin{cases} L_i + 2 \leqslant U_i \\ L_{N_t} + 1 = U_{N_t} \quad i = 1,2,\cdots,N_t - 1 \end{cases} \tag{6.3}$$

令 $X_i \sim B(1,p)$，$i=1$，2，…，且相互独立。当 $X_i = 1$ 时，表示第 i 次试验成功；当 $X_i = 0$ 时，表示试验失败。$S_n = \sum_{i=1}^{n} X_i (n = 1,2,3,\cdots,N_t)$ 为序贯检验统计量，表示前 n 次试验中的试验成功次数。记 $M = \inf\{n \mid S_n \geqslant U_n$ 或 $S_n \leqslant L_n$，$n = 1, 2, \cdots, N_t\}$，则当 $S_M \leqslant L_M$ 时，停止试验并拒绝 H_0；当 $S_M \geqslant U_M$ 时，停止试验且不拒绝 H_0；而当 $L_n < S_n < U_n$（$n=1$，2，…，$N_t - 1$）时，继续下一次试验。记：

$$T = \begin{pmatrix} U_1 & U_2 & \cdots & U_{N_t} \\ L_1 & L_2 & \cdots & L_{N_t} \end{pmatrix} \tag{6.4}$$

则称 T 为截尾序贯检验（TST）；N_t 为样本量截尾值；U_{N_t} 为成功判别值（N_t 次试验时，不拒绝 H_0 所需的最少试验成功次数）。

由于希望所设计的检验方案需要的试验样本量尽可能地少，节省试验成本，而序贯检验的试验样本量为一个随机变量，为此，定义如下关于平均试验样本量最优的截尾序贯检验。

定义2：设$T^{OA}(N_t)$是样本量截尾值为N_t，检验水平为（α_0，β_0）的截尾序贯检验，若对检验水平为（α_0，β_0），样本量截尾值为N_t的任意截尾序贯检验$T(N_t)$，均有：

$$E(\bar{M}\mid T^{OA}(N_t))\leqslant E(\bar{M}\mid T(N_t)) \tag{6.5}$$

式中，$E(\bar{M}\mid T)=\dfrac{E_{p_0}(M\mid T)+E_{p_1}(M\mid T)}{2}$，$E_p(\bar{M}\mid T)$表示检验$T$在水平$p$处的平均试验样本量，则称$T^{OA}(N_t)$为统计假设（6.1）的样本量截尾值为$N_t$，检验水平为（$\alpha_0$，$\beta_0$）的关于平均试验样本量最优的截尾序贯检验（OTSTA）。

在截尾序贯检验的实际应用中，由于试验品具有“高成本、破坏性”试验特点，为降低试验的成本预算，对给定的检验水平（α_0，β_0），总希望找到样本量截尾值最小的序贯检验方案。下面给出最小样本量截尾值的序贯检验的定义。

定义3：设$T^{M}(N_t^*)$为统计假设（6.1）的检验水平为（α_0，β_0）的OTSTA，若对检验水平为（α_0，β_0）的任意OTSTA $T^{OA}(N_t)$，都有$N_t^*\leqslant N_t$，则称$T^{M}(N_t^*)$为最小样本量截尾值的序贯检验（MTST），并称N_t^*为最小样本量截尾值。

对统计假设（6.1），记经典的固定试验样本量的检验方案为$C(N_t,U_{N_t})$。其中，N_t及U_{N_t}为预先给定的整数，$S_{N_t}=\sum\limits_{i=1}^{N_t}X_i$表示$N_t$次试验中成功的次数。在经典检验$C(N_t,U_{N_t})$的试验样本量$N_t$和MTST $T^{M}(N_t^*)$的最小样本量截尾值N_t^*之间，有如下关系：

定理1：对统计假设（6.1），若$T^{M}(N_t^*)$是检验水平为（α_0，β_0）的MTST，经典检验$C(N_t,U_{N_t})$犯两类错误的实际概率分别为α'、β'，则：

- 当$\alpha'\leqslant\alpha_0$，$\beta'\leqslant\beta_0$时，有$N_t^*\leqslant N_t$；
- 当$\alpha'\geqslant\alpha_0$，$\beta'\geqslant\beta_0$时，有$N_t^*>N_t$。

根据定理1结论，记集合

$H'=\{C(N_t,U_{N_t})\mid \alpha' C(N_t,U_{N_t})\leqslant\alpha_0,\beta' C(N_t,U_{N_t})\leqslant\beta_0,0\leqslant U_{N_t}\leqslant N_t\}$，取：

$$N_t^U=\min\{N_t\mid C(N_t,U_{N_t})\in H'\} \tag{6.6}$$

则有 $N_t^* \leqslant N_t^U$，且称 N_t^U 为由经典检验所确定的最小样本量截尾值的最小上界。

类似的，记集合：

$H'' = \{C(N_t, U_{N_t}) \mid \alpha' C(N_t, U_{N_t}) \geqslant \alpha_0, \beta' C(N_t, U_{N_t}) \geqslant \beta_0, 0 \leqslant U_{N_t} \leqslant N_t\}$，取：

$$N_t^L = \max\{N_t + 1 \mid C(N_t, U_{N_t}) \in H''\} \tag{6.7}$$

则有 $N_t^* \geqslant N_t^L$，且称 N_t^L 为由经典检验所确定的最小样本量截尾值的最大下界。

由式（6.6）和式（6.7），可得统计假设（6.1）的检验水平为（α_0，β_0）的最小样本量截尾值 N_t^* 的取值范围为：

$$N_t^L \leqslant N_t^* \leqslant N_t^U \tag{6.8}$$

由于在 MTST $T^{\mathrm{M}}(N_t^*)$ 的求解过程中，需要采用样本空间排序法搜索求解相应的 OTSTA $T^{\mathrm{OA}}(N_t)$，而 $T^{\mathrm{OA}}(N_t)$ 求解的计算工作量较大，因此，式（6.8）能极大地提升 MTST $T^{\mathrm{M}}(N_t^*)$ 的求解效率。

2）求解步骤

对统计假设（6.1）的检验水平为（α_0，β_0）的 MTST $T^{\mathrm{M}}(N_t^*)$ 的求解，步骤如下：

步骤1：根据式（6.6）和式（6.7）计算 MTST $T^{\mathrm{M}}(N_t^*)$ 的样本量截尾值的最小上界 N_t^L 和最大下界 N_t^U，确定样本量截尾值 N_t^* 的取值范围［N_t^L，N_t^U］。

步骤2：取 $N_t = N_t^L$，采用样本空间排序法求解统计假设（6.1）的检验水平为（α_0，β_0）的 OTSTA $T^{\mathrm{OA}}(N_t)$，若存在，则 $T^{\mathrm{OA}}(N_t)$ 为所求的 MTST $T^{\mathrm{M}}(N_t^*)$。否则，转入步骤3。

步骤3：令 $N_t = N_t + 1$，重复步骤2；直到 $N_t = N_t^U$，程序结束。

3）样本空间排序法

样本空间排序法（SSSM）通过在截尾序贯样本空间引入序关系，然后采用逐点优化的方式来逼近最优的检验方案。研究结果表明，SSSM 求解截尾序贯最优检验方案具有能严格控制检验犯两类错误的概率不超过检验水平、求解效率高及求解效果好等优点。下面以二项分布计数型截尾序贯最优检验的求解为例，对 SSSM 进行简要介绍。

（1）确定 SSSM 求解的初值

假定截尾检验方案 T_0 满足 $\alpha'(T_0) \leqslant \alpha_0$ 且 $\beta'(T_0) \leqslant \beta_0$，则 T_0 可作为 SSSM 求

解的初值，为讨论方便，将 T_0 记为：

$$T_0 = \begin{pmatrix} U_1 & U_2 & \cdots & U_{N_t-1} & U_{N_t} \\ L_1 & L_2 & \cdots & L_{N_t-1} & L_{N_t} \end{pmatrix} \tag{6.9}$$

（2）T_0 中可容许点的确定

由于 T_0 的优化可分为关于上检验边界与下检验边界两种情形，现将其记为：

$$T_{1,U_i} = \begin{pmatrix} U_1 & \cdots & U_{i-1} & U_i-1 & U_{i+1} & \cdots & U_{N_t} \\ L_1 & \cdots & L_{i-1} & L_i & L_{i+1} & \cdots & L_{N_t} \end{pmatrix} \tag{6.10}$$

$$T_{1,L_i} = \begin{pmatrix} U_1 & \cdots & U_{i-1} & U_i & U_{i+1} & \cdots & U_{N_t} \\ L_1 & \cdots & L_{i-1} & L_i+1 & L_{i+1} & \cdots & L_{N_t} \end{pmatrix} \tag{6.11}$$

为确保优化后的检验方案 T_1 满足对截尾序贯检验定义的要求，须排除如下三种情形的边界点：

一是当 $U_i - L_i \leqslant 2$，$i=1$，2，…，N_t 时，U_i 与 L_i 都不能作为优化点，否则，T_1 将不再是截尾值为 N_t 的序贯检验。

二是在 T_0 的下确界点 L_i 中，当 $L_i = -1$ 时，不能作为优化点，除非满足 $L_i=-1$ 且 $L_{i+1}=0$；在 T_0 的上确界点 U_i 中，当 $U_i > i$ 时，不能作为优化点，除非满足 $U_i > i$ 且 $U_{i+1} = i+1$。

三是在 T_0 的下确界点 L_i 中，当 $L_i = L_{i+1}$ 时，L_i 不能作为优化点；在 T_0 的上确界点 U_i 中，当 $U_i = U_{i-1}$ 时，U_i 不能作为优化点。

将以上三种情形之外的边界点称为 T_0 的可容许点。由于可容许点有上、下检验边界点之分，将对应的可容许点集分别记为 Θ_U、Θ_L。

（3）权重函数的确定

为了在 T_0 的所有可容许点选出最佳优化点，需构造一个定义在可容许集 Θ_U 和 Θ_L 上的权重函数。首先，降低检验方案的综合平均试验样本量（SASN）。也就是说，选取的优化点应使得犯第一类错误与第二类错误的实际概率的增加量尽可能小，而 SASN 的减少量应尽可能大。结合计算实践，并经过反复调试，将权重函数定义为：

$$g(U_i) = \frac{[E(\bar{M} \mid T_0) - E(\bar{M} \mid T_{1,U_i})] \times [\beta_0 - \beta'(T_0)]}{[\beta'(T_{1,U_i}) - \beta'(T_0)] - [\alpha'(T_0) - \alpha'(T_{1,U_i})]}, \quad U_i \in \Theta_U \tag{6.12}$$

$$g(L_j)=\frac{[E(\bar{M}\mid T_0)-E(\bar{M}\mid T_{1,L_j})]\times[\alpha_0-\alpha'(T_0)]}{[\alpha'(T_{1,L_j})-\alpha'(T_0)]-[\beta'(T_0)-\beta'(T_{1,L_j})]},\quad L_j\in\Theta_L \tag{6.13}$$

此外，若$\{\beta'(T_{1,U_i})-\beta'(T_0)\}-\{\alpha'(T_0)-\alpha'(T_{1,U_i})\}=0$或$\{\alpha'(T_{1,L_j})-\alpha'(T_0)\}-\{\beta'(T_0)-\beta'(T_{1,L_j})\}=0$，分别令$g(U_i)=+\infty$，$g(L_j)=+\infty$。

（4）最佳优化点的选取

对最佳优化点的选取，分三种情况进行讨论，并且记选出的最佳优化点为W_1。

当$\alpha'(T_0)<\alpha_0$且$\beta'(T_0)\geqslant\beta_0$时，$W_1$从下检验边界的可容许点中选择权重最大者，即：

$$W_1=\text{argmax}\{g(L_i),L_i\in\Theta_L\} \tag{6.14}$$

当$\alpha'(T_0)\geqslant\alpha_0$且$\beta'(T_0)<\beta_0$时，$W_1$从上检验边界的可容许点中选择权重最大者，即：

$$W_1=\text{argmax}\{g(U_j),U_j\in\Theta_U\} \tag{6.15}$$

当$\alpha'(T_0)\leqslant\alpha_0$且$\beta'(T_0)\leqslant\beta_0$时，$W_1$从上检验边界或下检验边界的可容许点中选择权重最大者，即：

$$W_1=\text{argmax}\{\max\{g(L_i),L_i\in\Theta_L\},\max\{g(U_j),U_j\in\Theta_U\}\} \tag{6.16}$$

通过上述方法确定W_1后，将T_0在W_1处进行优化，得到T_1。采用与T_0相同的优化方式，从T_1中选择出W_2，再将T_1在W_2处进行优化得T_2，如此继续，从而可对序贯样本空间点进行排序。所建立的序贯样本空间的序关系为：$W_1\geqslant W_2\geqslant\cdots\geqslant W_n\geqslant\cdots$。同时，也得到一列检验方案序列$T_0$，$T_1$，…，$T_n$，…。取：

$$m=\max\{n\mid\beta'(T_n)<\beta,\alpha'(T_n)<\alpha\} \tag{6.17}$$

则T_m即为统计假设（6.1）的样本量截尾值为N_t，成功判别值为U_{N_t}，检验水平为（α_0，β_0）的关于检验边界近似最优的截尾序贯检验方案。要得到截尾值为N_t对应的平均试验次数最优的截尾序贯检验，需将成功判别值U_{N_t}从0到N_t进行搜索，分别计算其对应的关于检验边界近似最优的截尾序贯检验。通过比较综合平均试验样本量（SASN），其中，SASN最小者即为所求的OTSTA的近似解。

4）MTST方法优点

MTST能严格控制犯两类错误的实际概率不超过检验水平。在绝大多数情况下，MTST 拥有更小的样本量截尾值。在样本量截尾值相等及检验水平不超用的条件下，MTST 拥有相对更少的平均试验样本量。

5）仿真算例

下面是仿真中出现的一些符号及其解释。

BMTST：贝叶斯最小样本量截尾值序贯检验；

IEC1123：对成败型产品成功率参数 p 的验收试验采用截尾序贯试验方案的国际标准；

MTST：最小样本量截尾值的序贯检验；

OTSTA：平均试验样本量最优的截尾序贯检验（即在指定截尾数下，平均试验样本量最少的检验方案）；

ASN：平均试验样本量。

当给定检验水平为$(\alpha_0,\beta_0)=(0.2,0.2)$时，对计数型试验成功率 p，讨论如下统计假设的最小样本量截尾值的序贯检验。

$$H_0: p \geqslant p_0 = 0.8,\ H_1: p \leqslant p_1 = 0.6 \tag{6.18}$$

对统计假设（6.18），IEC1123 给出的序贯检验方案 T^{IEC}的样本量截尾值 $N_t=20$，成功判别值 $U_{N_t}=13$。

现对最小样本量截尾值的序贯检验方案 $T^{\mathrm{M}}(N_t^*)$ 进行求解，根据步骤1，采用式（6.6）和式（6.7）计算得 $N_t^L=13$，$N_t^U=19$，由此得 N_t^* 的取值范围为[13，19]。

根据步骤2 和步骤3 的计算过程，分别取 $N_t=13$，14，…，19，采用样本空间排序法求解对应的 OTSTA $T^{\mathrm{OA}}(N_t)$，其中，样本量截尾值 N_t 最小者所对应的序贯检验方案 $T^{\mathrm{OA}}(N_t)$即为所求 MTST $T^{\mathrm{M}}(N_t^*)$。采用上述求解过程，得到最小样本量截尾值 $N_t^*=15$，对应的成功判别值 $U_{N_t^*}=11$。MTST $T^{\mathrm{M}}(15)$为：

$$T^{\mathrm{M}}(15)=\begin{pmatrix} 2 & 3 & 4 & 5 & 6 & 7 & 8 & 9 & 9 & 10 & 10 & 11 & 11 & 11 & 11 \\ -1 & -1 & 0 & 1 & 2 & 2 & 3 & 4 & 5 & 5 & 6 & 7 & 8 & 9 & 10 \end{pmatrix}$$

将 IEC1123 给出的检验方案 $T^{\mathrm{IEC}}(20)$及 MTST $T^{\mathrm{M}}(15)$犯两类错误的真实概率及在 $p_0=0.8$，$p_1=0.6$ 处的平均试验样本量计算出来，见表6-9。

表 6－9　MTST $T^{M}(15)$ 与 IEC1123 $T^{IEC}(20)$ 的比较

项目	α'	β'	$E(M \mid 0.8)$	$E(M \mid 0.6)$
IEC1123 $T^{IEC}(20)$	0.203 1	0.187 8	9.926 5	8.891 5
MTST $T^{M}(15)$	0.194 8	0.199 6	11.808 6	9.265 9

从表 6－9 可以看到，IEC1123 中的序贯检验方案 $T^{IEC}(20)$ 犯第一类错误的实际概率 $\alpha'(T^{IEC})=0.203\ 1$，超过检验水平的给定值 0.2。而 MTST $T^{M}(15)$ 则能严格控制犯两类错误的实际概率不超过检验水平，并且样本量从 20 件减少到 15 件，减少比例达 25%。需指出的是，MTST $T^{M}(15)$ 在 $p_0=0.8$ 与 $p_1=0.6$ 处的平均试验样本量相对于 IEC1123 中的检验方案 $T^{IEC}(20)$ 都有所增加，这实际上是 MTST $T^{M}(15)$ 在减少样本量截尾值后所做出的补偿。

为了进一步验证 MTST 在减少样本量截尾值方面的效果，对 p_0、p_1 不同取值组合的多组试验方案进行计算，并分别与 IEC1123(1991) 中的对应方案及 SMT 进行比较，见表 6－10。

表 6－10　MTST 与 IEC1123 中的比较

序号	p_0	p_1	$\alpha_0=\beta_0$	IEC				MTST			
				N_t	U_{N_t}	E_{p_0}	E_{p_1}	N_t	U_{N_t}	E_{p_0}	E_{p_1}
1	0.8	0.4	0.3	4	3	2.088	1.736	3	2	1.96	1.64
2	0.8	0.4	0.2	5	4	2.780 8	2.748 8	4	3	3.344	2.928
3	0.8	0.4	0.1	12	8	6.353 8	5.848 1	9	6	6.746 3	5.571 5
4	0.8	0.4	0.05	17	11	8.660 3	7.621 3	16	10	10.515	7.455 6
5	0.8	0.6	0.3	10	8	4.824 5	4.639 4	7	5	5.166 7	4.326 1
6	0.8	0.6	0.2	20	15	9.926 5	8.891 5	15	11	11.809	9.265 9
7	0.8	0.6	0.1	44	32	20.228	18.164	35	25	27.537	18.976
8	0.8	0.65	0.3	13	10	7.448	6.7235	10	8	7.148 8	6.807 9
9	0.8	0.65	0.2	36	27	16.786	15.414	27	20	18.199	15.246
10	0.8	0.65	0.1	81	60	33.794	31.184	58	43	39.137	38.301

续表

序号	p_0	p_1	$\alpha_0=\beta_0$	IEC				MTST			
				N_t	U_{N_t}	E_{p_0}	E_{p_1}	N_t	U_{N_t}	E_{p_0}	E_{p_1}
11	0.8	0.7	0.3	28	22	14.941	14.12	22	17	15.32	13.634
12	0.8	0.7	0.2	77	59	34.096	32.235	54	41	43.315	35.028
13	0.85	0.55	0.3	6	5	2.256 3	2.049 7	4	3	2.680 9	1.988 6
14	0.85	0.55	0.2	9	7	5.416 4	4.787 4	8	6	4.991 5	4.082 7
15	0.85	0.55	0.1	19	14	9.707 7	7.873 2	16	12	9.603 1	7.883
16	0.85	0.55	0.05	31	23	13.657	11.88	23	17	18.199	12.847
17	0.85	0.7	0.3	13	11	7.068 4	6.439 5	11	9	7.071 7	5.981 1
18	0.85	0.7	0.2	31	25	15.279	13.654	21	17	16.897	14.208
19	0.85	0.7	0.1	69	55	30.109	26.739	52	41	35.965	27.702
20	0.85	0.737 5	0.3	21	18	10.133	9.412 2	16	13	10.896	9.047 2
21	0.85	0.737 5	0.2	55	45	24.064	21.943	37	30	27.973	23.005
22	0.85	0.775	0.3	53	46*	21.297	19.842	30	25	23.2	20.529

从表6－10所列的结果可以看到，MTST相对于IEC1123(1991）中检验方案的样本量截尾值减少非常明显。对于“高成本、破坏性”产品的抽样检验，MTST能极大地降低产品抽样检验的成本预算。但也应注意到，MTST的平均试验样本量相对于IEC1123(1991）中对应的检验方案具有一定程度的增加。如前所述，这是MTST在降低样本量截尾值后所做出的某种程度的补偿。

3. 贝叶斯最小样本量截尾值的序贯检验（BMTST)

（1）基本思想

在对产品进行验收试验之前，鉴定试验或同一型号产品不同批次验收试验的历史数据及专家的经验等均蕴含着产品的质量信息，而贝叶斯分析是综合产品质量先验信息的有效方法。利用贝叶斯分析与截尾序贯检验相结合，在减少序贯检验方案的平均试验样本量方面取得了很好效果。

(2) 概念与定义

由于产品进行验收检验前已通过鉴定试验，当鉴定试验采用经典的固定试验样本量的检验方案时，假设其试验数据为 (N, G)，表示 N 次试验中，G 次试验成功。以贝塔分布作为产品成功率的先验分布，其概率密度函数为：

$$\pi(p \mid a,b) = \frac{\Gamma(a+b)}{\Gamma(a)\Gamma(b)} p^{a-1}(1-p)^{b-1} \tag{6.19}$$

式中，a、b 为超参数。根据贝叶斯假设，利用鉴定试验数据 (N, G) 可得参数 a、b 的估计为：

$$\begin{cases} \hat{a} = G+1 \\ \hat{b} = F+1 \end{cases} \tag{6.20}$$

$F=N-G$ 为 N 次试验中的失败次数。由此可得产品成功率 p 的贝叶斯先验概率密度函数为：

$$\pi(p \mid G+1,F+1) = \frac{\Gamma(N+2)}{\Gamma(G+1)\Gamma(F+1)} p^{G}(1-P)^{F} \tag{6.21}$$

经计算，可得 MTST 生产方和使用方的贝叶斯后验风险的计算表达式为：

$$\begin{cases} \alpha^*(T^{\mathrm{M}}(N_t^*)) = \dfrac{\int_{p_0}^{1} \pi(p \mid G+1,F+1)\alpha'(T^{\mathrm{M}}(N_t^*),p)\,\mathrm{d}p}{\left[\int_0^{p_1} + \int_{p_0}^{1}\right]\pi(p \mid G+1,F+1)\alpha'(T^{\mathrm{M}}(N_t^*),p)\,\mathrm{d}p} \\ \beta^*(T^{\mathrm{M}}(N_t^*)) = \dfrac{\int_0^{p_1} \pi(p \mid G+1,F+1)\beta'(T^{\mathrm{M}}(N_t^*),p)\,\mathrm{d}p}{\left[\int_0^{p_1} + \int_{p_0}^{1}\right]\pi(p \mid G+1,F+1)\beta'(T^{\mathrm{M}}(N_t^*),p)\,\mathrm{d}p} \end{cases} \tag{6.22}$$

式中，$\left[\int_0^{p_1} + \int_{p_0}^{1}\right] f(p)\,\mathrm{d}p \triangleq \int_0^{p_1} f(p)\,\mathrm{d}p + \int_{p_0}^{1} f(p)\,\mathrm{d}p$；$\alpha'(T^{\mathrm{M}}(N_t^*),p)$、$\beta'(T^{\mathrm{M}}(N_t^*),p)$ 分别表示当产品质量水平为 p 时 $T^{\mathrm{M}}(N_t^*)$ 未能通过与通过验收检验的实际概率。

当产品通过鉴定试验且可认为已具备较高质量水平时，有：

$$\beta^*(T^{\mathrm{M}}(N_t^*)) < \beta'(T^{\mathrm{M}}(N_t^*)) \tag{6.23}$$

在产品的研制过程中，为确定试制的产品与设计要求的一致性，则对试制产品所做的试验称为鉴定试验。鉴定试验一般可作为产品定型的依据，产品通过鉴定试验后可进行批量生产。也就是说，在产品通过鉴定试验时，MTST $T^{\mathrm{M}}(N_t^*)$的使用方贝叶斯后验风险是减小的。

定理1：对统计假设（6.1），$T^{\mathrm{M}}(N_t^*)$是检验水平为（α_0，β_0）的MTST，$T^{\mathrm{OA}}(N_t)$是检验水平为（α_0，$\tilde{\beta}$）（其中，$\beta'>\beta_0$）的OTSTA。当产品的鉴定数据为（N，G）时，记$\beta^*(T^{\mathrm{OA}}(N_t))$为其贝叶斯后验风险，则当

$$\tilde{N}_t=\min\{N_t\mid\beta^*(T^{\mathrm{OA}}(N_t))\leqslant\beta_0\} \tag{6.24}$$

有

$$\tilde{N}_t\leqslant N_t^* \tag{6.25}$$

定理1说明，当产品已通过鉴定试验，在确保检验方案的使用方贝叶斯后检验风险$\beta^*(T^{\mathrm{OA}}(N_t))$不超过对应的名义风险值$\beta_0$的情况下，可得到比MTST $T^{\mathrm{M}}(N_t^*)$的样本量截尾值更小的序贯检验方案。

定义1：由统计假设（6.1），称由式（6.24）给出的$\tilde{N}_t$所对应的OTSTA $T^{\mathrm{OA}}(\tilde{N}_t)$是鉴定数据为（$N$，$G$）时的贝叶斯最小样本量截尾值序贯检验(BMTST)，记为$T^{\mathrm{BM}}(\tilde{N}_t)$。

（3）求解步骤

下面给出BMTST $T^{\mathrm{BM}}(\tilde{N}_t)$的求解步骤。

步骤1：对统计假设（6.1）及给定的（α_0，β_0）检验水平，根据截尾序贯检验的方法计算相应的MTST $T^{\mathrm{M}}(N_t^*)$。当鉴定试验数据为（N，G）时，利用式(6.22)计算使用方贝叶斯后检验风险$\beta^*(T^{\mathrm{M}}(N_t^*))$。当$\beta^*(T^{\mathrm{M}}(N_t^*))\geqslant\beta_0$时，程序结束。此时说明，当前采用的鉴定试验标准太弱，应设定新的鉴定试验标准并重新对产品进行鉴定试验，或采取比$T^{\mathrm{M}}(N_t^*)$更严格的验收检验方案。当$\beta^*(T^{\mathrm{M}}(N_t^*))<\beta_0$时，令$N_t=N_t^*-1$，转入下一步。

步骤2：在区间中（β_0，1）对$\tilde{\beta}$进行搜索，当存在以（α_0，$\tilde{\beta}$）为检验水平的关于OTSTA $T^{\mathrm{OA}}(\tilde{N}_t)$满足$\beta^*(T^{\mathrm{OA}}(N_t))\leqslant\beta_0$时，令$N_t=N_t-1$，重复本步骤

的计算；否则，结束程序，且令 $\tilde{N}_t = N_t - 1$，转入步骤3。

步骤3：在区间（β_0，1）对 $\tilde{\beta}$ 进行搜索，使得以（α_0，$\tilde{\beta}$）为检验水平的 OTSTA $T^{OA}(\tilde{N}_t)$满足$\beta^*(T^{OA}(\tilde{N}_t)) \doteq \beta_0$，则 OTSTA $T^{OA}(\tilde{N}_t)$即为所求的 BMTST $T^{BM}(\tilde{N}_t)$。

（4）BMTST 方法优点

能极大地减少验收检验的样本量截尾值，从而降低产品抽样检验的试验成本预算。

当产品质量水平较高时，能极大地缩减产品的平均试验次数，从而降低产品的抽样检验成本。

对高质量水平的产品，贝叶斯最小样本量截尾值的序贯检验保持与截尾序贯检验具有相接近的通过验收检验的概率。这有利于贝叶斯最小样本量截尾值的序贯检验为生产方所接受，从而有利于其推广使用。

在产品通过鉴定试验的条件下，使用方贝叶斯后验风险小于额定的名义风险，因此，使用方风险仍是可以控制的。

（5）仿真算例

下面通过具体的算例来展示 BMTST $T^{BM}(\tilde{N}_t)$的求解步骤，并将其与 MTST $T^{M}(N_t^*)$的平均试验样本量 ASN 曲线进行比较。

当给定的检验水平为$(\alpha_0,\beta_0)=(0.2,0.2)$，检验数据为（10，9）时，对计数型试验成功率 p，讨论如下假设的 BMTST。

$$H_0: p \geqslant p_0 = 0.9,\quad H_1: p \leqslant p_1 = 0.8 \tag{6.26}$$

步骤1：对于统计假设（6.26），IEC1123 给出的序贯检验方案的样本量截尾值为 $N_t = 49$，成功判别值 $U_{N_t} = 43$。由样本空间排序法可求得 MTST 的样本量截尾值为 $N_t^* = 37$，成功判别值 $U_{N_t}^* = 32$。

步骤2：由于鉴定试验数据为（10，9），根据公式计算得 MTST $T^{M}(37)$的贝叶斯使用方后验概率为：

$$\beta^*(T^{M}(37)) = \frac{\int_0^{0.8} \pi(p \mid 10,2)\beta'(T^{M}(37),p)\,\mathrm{d}p}{\left[\int_0^{0.8} + \int_{0.9}^{1}\right]\pi(p \mid 10,2)\beta'(T^{M}(37),p)\,\mathrm{d}p} = 0.0635 \tag{6.27}$$

由于$\beta^*(T^{M}(37))=0.0635<0.2$，这表明当产品通过鉴定试验且已具备较高质量水平时，序贯检验的贝叶斯使用方后验风险是减小了的。

步骤3：采用BMTST求解步骤中的步骤2和步骤3对$\tilde{\beta}$及$\tilde{N}_t$进行搜索，解得$\tilde{N}_t=14$，$\tilde{\beta}=0.42$。由此得统计假设检验（6.1）的检验水平为（0.2，0.42）的OTSTA $T^{OA}(14)$为：

$$T^{OA}(14)=\begin{pmatrix} 2 & 3 & 4 & 5 & 6 & 7 & 8 & 9 & 9 & 10 & 11 & 12 & 12 & 12 \\ -1 & 0 & 1 & 2 & 3 & 4 & 4 & 5 & 6 & 7 & 8 & 9 & 10 & 11 \end{pmatrix} \quad (6.28)$$

且$\beta^*(T^{OA}(14))=0.1968\doteq 0.2$，根据截尾序贯检验的定义可知，$T^{OA}(14)$即为所求的BMTST $T^{BM}(14)$。

将$T^{BM}(14)$与$T^{M}(37)$进行比较，得到它们的平均试验样本量（ASN）曲线如图6-50所示。

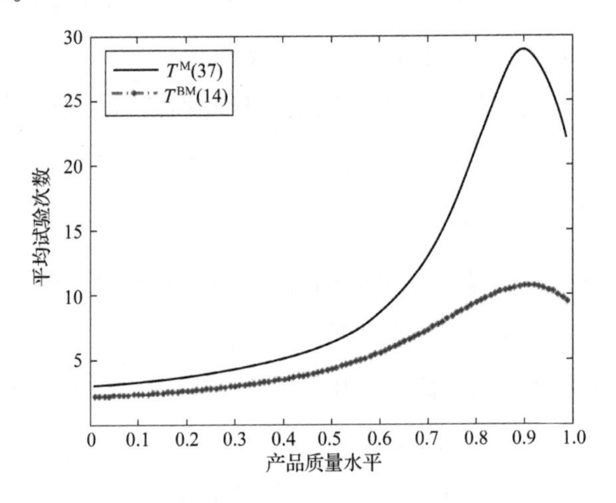

图6-50 BMTST $T^{BM}(14)$与MTST $T^{M}(37)$的ASN比较

从计算结果及图6-50可以看到，$T^{BM}(14)$相较$T^{M}(37)$具有如下优良特性：

当产品的鉴定试验数据为（10，9）时，BMTST $T^{BM}(14)$相对于MTST $T^{M}(37)$，样本量截尾值由37减少到14，样本量截尾值缩减比例达62.2%。可见，利用产品质量检验的先验信息能极大地缩减验收检验的样本量截尾值。因此，对于“高成本、破坏性”产品的验收检验，BMTST能显著地减少产品的试验成本预算。

在BMTST $T^{BM}(\tilde{N}_t)$的定义中，因BMTST $T^{BM}(\tilde{N}_t)$与MTST $T^{M}(\tilde{N}_t)$保持了生

产方名义风险不变，这对于高质量水平产品，BMTST $T^{BM}(\tilde{N}_t)$与 MTST $T^{M}(\tilde{N}_t)$具有相接近的通过验收的概率。

从图6-51可以看出，对于高质量水平的产品，BMTST $T^{BM}(14)$相对于 MTST $T^{M}(37)$，能大幅度缩减产品的平均试验样本量，从而可大量地节省产品的平均试验成本。实际上，在$p=0.9$处，$T^{M}(37)$的平均试验样本量为29.003 3次，而$T^{BM}(14)$的平均试验样本量为10.541 1次，平均试验样本量减少量为18.462 2次，减少比例达63.66%。

为进一步验证 BMTST $T^{BM}(\tilde{N}_t)$相对于 MTST $T^{M}(N_t^*)$在减少样本量截尾方面的效果，对多组检验方案及不同的鉴定试验数据下的 BMTST $T^{BM}(\tilde{N}_t)$进行了计算，结果列于表6-11。

表6-11　BMTST 与 MTST 的比较

序号	p_0	p_1	$\alpha_0=\beta_0$	MTST				BMTST				
				N_t^*	$U_{N_t^*}$	α'	β'	$\tilde{N}_t$	$U_{\tilde{N}_t}$	(N, S)	$\tilde{\beta}$	β^*
1	0.85	0.7	0.05	84	66	0.049 8	0.05	—	—	(10, 7)	—	—
2	0.85	0.7	0.1	52	41	0.099 8	0.099 8	—	—	(10, 7)	—	—
3	0.85	0.7	0.2	21	17	0.199 6	0.199 6	—	—	(10, 7)	—	—
4	0.85	0.7	0.3	11	9	0.283 8	0.286 8	—	—	(10, 7)	—	—
5	0.8	0.65	0.05	97	71	0.05	0.05	73	53	(10, 7)	0.11	0.048 6
6	0.8	0.65	0.1	60	44	0.099 9	0.099 9	44	32	(10, 7)	0.17	0.097 9
7	0.8	0.65	0.2	27	20	0.198 2	0.199 9	20	15	(10, 7)	0.245	0.199 4
8	0.8	0.65	0.3	10	8	0.294 8	0.299 4	—	—	(10, 7)	—	—
9	0.85	0.7	0.05	84	66	0.049 8	0.05	42	32	(10, 8)	0.25	0.098 4
10	0.85	0.7	0.1	52	41	0.099 8	0.099 8	32	25	(10, 8)	0.22	0.095 1
11	0.85	0.7	0.2	21	17	0.199 6	0.199 6	14	11	(10, 8)	0.325	0.194 3
12	0.85	0.7	0.3	11	9	0.283 8	0.286 8	6	5	(10, 8)	0.4	0.298 8
13	0.8	0.65	0.05	97	71	0.05	0.05	44	31	(10, 8)	0.28	0.048 8

续表

序号	p_0	p_1	$\alpha_0=\beta_0$	MTST				BMTST				
				N_t^*	$U_{N_t^*}$	α'	β'	$\tilde{N}_t$	$U_{\tilde{N}_t}$	$(N,\ S)$	$\tilde{\beta}$	β^*
14	0.8	0.65	0.1	60	44	0.099 9	0.099 9	21	15	(10, 8)	0.41	0.099 6
15	0.8	0.65	0.2	27	20	0.198 2	0.199 9	5	4	(10, 8)	0.55	0.196 2
16	0.8	0.65	0.3	10	8	0.294 8	0.299 4	3	2	(10, 8)	0.72	0.221 8
17	0.85	0.7	0.05	84	66	0.049 8	0.05	23	17	(10, 9)	0.44	0.049 2
18	0.85	0.7	0.1	52	41	0.099 8	0.099 8	10	8	(10, 9)	0.62	0.1
19	0.85	0.7	0.2	21	17	0.199 6	0.199 6	2	1	(10, 9)	0.91	0.161 2
20	0.85	0.7	0.3	11	9	0.283 8	0.286 8	2	1	(10, 9)	0.91	0.161 2
21	0.8	0.65	0.05	97	71	0.05	0.05	11	7	(10, 9)	0.71	0.047 3
22	0.8	0.65	0.1	60	44	0.099 9	0.099 9	2	1	(10, 9)	0.88	0.069 5
23	0.8	0.65	0.2	27	20	0.198 2	0.199 9	2	1	(10, 9)	0.88	0.069 5
24	0.8	0.65	0.3	10	8	0.294 8	0.299 4	2	1	(10, 9)	0.88	0.069 5

注："—"表示鉴定鉴定试验数据（N, S）相对于检验假设来说，并未具备较高质量水平的前提。此时，应重新设计鉴定试验方案，并且产品需要重新进行鉴定试验，或采用比 MTST T^{BM}更苛刻的验收检验方案。

由表 6 - 11 所列的结果看到，当产品已通过鉴定试验，并且假定已具备较高质量水平时，BMTST $T^{BM}(\tilde{N}_t)$在保证使用方的贝叶斯检验风险不超过名义风险的前提下，相对于 MTST $T^{M}(N_t^*)$在减少样本量截尾方面的效果是非常显著的，且当鉴定试验提供的质量信息越强时，样本量截尾值的减少幅度也越大。

4. MTST 与传统检验验收方案对比分析

以某型导弹检验验收成本为对比基准，分析本项目提出的最小样本量截尾值的序贯检验（MTST）低成本检验验收方法的成本降低水平。

1）导弹检验验收

以"海尔法"反坦克导弹为例，按照年订购量 2 000 枚计算，分 8 个批次验收，每批250发。按照下述方法进行检验验收：

一是首批进行鉴定检验，抽样10发，5（第一样本）+5（第二样本）试验方案，按照第一样本计算，假设单发成本50万元，首批检验为250万元以上。

二是后续批组进行质量一致性检验，抽验6发，3（第一样本）+3（第二样本）试验方案，按照第一样本计算，假设单发成本50万元，首批检验为150万元以上。

质量一致性检验样本量根据GJB 179A—1996的规定，采用二次抽样方案；选取特殊检查水平S-2，AQL值等于10。在抽样检查中，根据产品质量变化情况，按GJB 179A—1996规定的转移规则进行严格性调整，具体见表6-12。

表6-12　GJB 179A—1996规定抽样方案

批量	宽严程度	样本	不合格品	
			Ac	Re
$N\leqslant 280$	正常检查	3	0	2
		3	1	2
	加严检查	5	0	2
		5	1	2
	放宽检查	2	0	2
		2	0	2
注：Ac：接受；Re：拒接。				

在可接受质量水平（AQL）为10（即可接收的最高百分不合格率为10%）的情况下，可认为当样本的成功率$p=0.9$时，接收这批样本。按照第一样本量计算，试验一共消耗样本量为$5+3\times7=26$（发），按照单发价格50万元进行计算，成本为$26\times50=1\ 300$（万元）。

下面采用数值模拟方法计算每次实验平均消耗导弹个数。实验采用二次抽样方案，按照GJB 179A—1996中规定的转移规则，动态地对抽样方案的严格性（即Ac与Re的数值）进行调整（其中第一批样本采用加严检验，第一样本和第二样本均取值为5）。通过数值模拟计算检验平均消耗导弹个数，具体过程如下：

步骤1：设每个产品合格的概率$p=0.9$，且样本服从二项分布，模拟试验次数设为 100。

步骤 2：对一批产品进行抽样检验，记录不合格的产品数。若不合格产品数小于等于 Ac 值，则认为该批产品通过；若不合格产品数大于等于 Re 值，则认为该批产品不通过。当一次检验能够判断该批产品是否合格时，跳转至步骤 4，否则，跳转至步骤 3。

步骤 3：若不合格产品数介于 Ac 与 Re 之间，则进行二次检验，将第一次和第二次检验中不合格的产品数累加起来。若累加后的不合格产品数小于等于 Ac 值，则认为该批产品通过；反之，则认为该批产品不通过。

步骤 4：判断是否有连续 5 个正常检验的批次不合格。若是，则依照转移规则从下一批开始进行加严检验；若否，则仍采用正常检验。

步骤 5：判断 $t<100$ 是否成立。若是，则跳转至步骤 2；反之，结束程序，求得每次实验平均消耗导弹的个数。

通过数值模拟可得：在导弹检验方案中，一次实验平均消耗导弹的个数为 33.54 枚，也就是需要 33.54 发样本进行试验便可得到产品接收或者拒绝的结果。

2）MTST 检验验收方法

对于低成本战术导弹，由于从产品设计、生产、制造等多个环节进行了优化，导弹的生产效率大幅提升，同样，按照年订购量 2 000 枚计算，可分 4 个批次，每批 500 发，进行检验验收。

下面详细分析对每个批量的 MTST 验收方案。

由于 MTST 是在序贯比检验的基础上进行拓展的检验方法。对成功率 p，序贯比检验讨论如下的统计假设：

$$H_0: p > p_0, \quad H_1: p < p_1 \tag{6.29}$$

该检验为两条序贯曲线，若检验统计量在两条序贯曲线之间，则继续进行试验；若在两条序贯曲线之外，则根据 p 值的大小情况选择接收或者拒绝。

依据对比抽样方案 GJB 179A—1996 标准，生成二项分布随机的样本值，得到正常检查方案下样本能被接收的平均合格率为 $p_N=0.79$；加严检查方案下样本能被接收的平均合格率为 $p_S=0.85$。

考虑 4 个批次均根据 MTST 方案进行检验，第 1 批次以 GJB 179A—1996 加严检查方案下的接收合格率为参考，后 3 个批次以正常检查方案下的接收合格率为参考。

（1）第 1 批次 MTST 求解

取统计假设（6.29）中 $p_0 = 0.85$，$p_1 = 0.6$；允许接受的两类错误率为 $(\alpha,\beta) = (0.2, 0.1)$。

根据式（6.6）和式（6.7），计算可得 MTST 样本量截尾值的最大下界为 $N_t^L = 13$，最小上界为 $N_t^U = 19$，因此，样本量截尾值 N_t^* 的取值范围为［13，19］。

分别取 $N_t = 13$，14，…，19，采用样本空间排序法进行求解，得到对应的 OTSTA，其中，样本量截尾值 N_t 最小者即为所求的 MTST。

下面以截尾值 $N_t = 15$ 的 OTSTA 的求解过程为例，当成功判别值为 $U_{N_t} = 13$，即经典抽样检验 $C(15,13)$ 时（即抽取 15 个样本，当合格样本量不小于 13 时，接收这批样本），犯两类错误的真实概率为

$$\alpha'(p = 0.9) = 0.184，\beta'(p = 0.6) = 0.023$$

上述概率分别在成功率为 0.9 和 0.6 的情况下计算得到。可以看到，经典抽样检验 $C(15,13)$ 满足给定的两类错误率，因此，令 $C(15,13)$ 为 SSSM 方法的初值，再依次进行优化求解。

通过上述求解过程，可以得到最小样本量截尾值为 $N_t^* = 15$，将成功判别值从 0 到 15 进行搜索，得到对应的成功判别值 $U_{N_t^*} = 13$。对应的 MTST $T^M(15)$ 为：

$$T^M(15) = \begin{pmatrix} 2 & 3 & 4 & 5 & 6 & 7 & 7 & 8 & 9 & 9 & 10 & 11 & 12 & 13 & 13 \\ -1 & -1 & 0 & 1 & 2 & 3 & 4 & 5 & 6 & 7 & 8 & 9 & 10 & 11 & 12 \end{pmatrix}$$

可以算出 $T^M(15)$ 在 $p_0 = 0.85$ 处的平均试验样本量为：

$$E(M \mid 0.85) = 9.125$$

在 $p_1 = 0.6$ 处的平均试验样本量为：

$$E(M \mid 0.6) = 6.082$$

综合平均试验样本量为 $E(M) = 7.603$。

$T^M(15)$ 犯两类错误的实际概率为：

$$\alpha'(p = 0.85) = 0.392，\beta'(p = 0.6) = 0.074$$

其中，第一类风险高于给定的可接受风险，但第一类风险是生产方风险，在

本例中不予考虑；第二类错误率在给定可接受的范围内，满足了使用方要求。

（2）第 2 ~ 4 批次 MTST 求解

取统计假设（6.29）中 $p_0 = 0.8$，$p_1 = 0.6$；允许接受的两类错误率为$(\alpha,\beta) = (0.2, 0.1)$。

根据式（6.6）和式（6.7），计算可得 MTST 样本量截尾值的最大下界为 $N_t^L = 13$，最小上界为 $N_t^U = 19$，因此，样本量截尾值 N_t^* 的取值范围为［13，19］。

分别取 $N_t = 13$，14，…，19，采用样本空间排序法进行求解得到对应的 OTSTA，其中，样本量截尾值 N_t 最小者即为所求的 MTST。

通过上述求解过程，可以得到最小样本量截尾值为 $N_t^* = 15$，将成功判别值从 0 到 15 进行搜索，得到对应的成功判别值 $U_{N_t^*} = 13$。对应的 MTST $T^{\mathrm{M}}(15)$为：

$$T^{\mathrm{M}}(15) = \begin{pmatrix} 2 & 3 & 4 & 4 & 5 & 6 & 6 & 7 & 8 & 9 & 10 & 11 & 12 & 13 & 13 \\ -1 & -1 & 0 & 1 & 2 & 3 & 4 & 5 & 6 & 7 & 8 & 9 & 10 & 11 & 12 \end{pmatrix}$$

可以算得 $T^{\mathrm{M}}(15)$在 $P_0 = 0.8$ 处的平均试验样本量为：

$$E(M \mid 0.8) = 7.058$$

在 $p_1 = 0.6$ 处的平均试验样本量为：

$$E(M \mid 0.6) = 5.715$$

综合平均试验样本量为 $E(M) = 6.387$。

$T^{\mathrm{M}}(15)$犯两类错误的实际概率为

$$\alpha'(p = 0.8) = 0.59, \ \beta'(p = 0.6) = 0.189$$

两类错误率高于给定的错误率，但第一类风险不予考虑；第二类错误率 0.2 依然属于较低的错误率。

（3）总平均试验样本量

将 4 个批次的平均试验样本量求和，得到总共需要 26.764 个样本。比较 GJB 179A—1996 标准中所得的平均总试验样本量 33.54 发，平均试验样本量减少比例达到了 20.20%，假设单发成本 50 万元，总体试验成本减少 338.8 万元。

该种检验方案的具体实施过程如下：

①第 1 批次检验方案：

$$T^{\mathrm{M}}(15) = \begin{pmatrix} 2 & 3 & 4 & 5 & 6 & 7 & 7 & 8 & 9 & 9 & 10 & 11 & 12 & 13 & 13 \\ -1 & -1 & 0 & 1 & 2 & 3 & 4 & 5 & 6 & 7 & 8 & 9 & 10 & 11 & 12 \end{pmatrix}$$

实施过程：对每一次试验结果，记 $X_i=1$ 为第 i 次试验结果为成功，$X_i=0$ 为第 i 次试验结果为失败，$S_n=\sum_{i=1}^{n}X_i$ 为前 n 次试验中成功的次数，设 U_i 是序贯检验方案 $T^{M}(15)$ 第 1 行第 i 列的值，L_i 是序贯检验方案 $T^{M}(15)$ 的第 2 行第 i 列的值。

假设第一次试验结果成功，则 $S_1=1$，观察序贯检验 $T^{M}(15)$ 中第 1 列，由于 $-1\leqslant1\leqslant2$，因此，需要再进行第二次试验；假设第 2 次试验结果成功，则 $S_2=2$，观察 $T^{M}(15)$ 中第 2 列，由于 $-1\leqslant2\leqslant3$，因此，依旧需要进行第三次试验，依此进行下去，直到对某个 i，有 $S_i\geqslant U_i$，则接受这批样本；若 $S_i\leqslant L_i$，则拒绝这批样本。

②第 2 ~ 4 批次检验方案：

$$T^{M}(15)=\begin{pmatrix} 2 & 3 & 4 & 4 & 5 & 6 & 6 & 7 & 8 & 9 & 10 & 11 & 12 & 13 & 13 \\ -1 & -1 & 0 & 1 & 2 & 3 & 4 & 5 & 6 & 7 & 8 & 9 & 10 & 11 & 12 \end{pmatrix}$$

实施过程：对每一次试验结果，记 $X_i=1$ 为第 i 次试验结果为成功，$X_i=0$ 为第 i 次试验结果为失败，$S_n=\sum_{i=1}^{n}X_i$ 为前 n 次试验中成功的次数。设 U_i 是序贯检验方案 $T^{M}(15)$ 第 1 行第 i 列的值；L_i 是序贯检验方案 $T^{M}(15)$ 的第 2 行第 i 列的值。

假设第一次试验结果成功，则 $S_1=1$，观察序贯检验 $T^{M}(15)$ 中第 1 列，由于 $-1\leqslant1\leqslant2$，因此需要再进行第二次试验；假设第 2 次试验结果成功，则 $S_2=2$，观察 $T^{M}(15)$ 中第 2 列，由于 $-1\leqslant2\leqslant3$，因此，依旧需要进行第三次试验，依此进行下去，直到对某个 i，有 $S_i\geqslant U_i$，则接受这批样本；若 $S_i\leqslant L_i$，则拒绝这批样本。

5. BMTST 与传统检验验收方案对比分析

以某型导弹检验验收成本为对比基准，分析本书提出的贝叶斯最小样本量截尾值的序贯检验（BMTST）低成本检验验收方法的成本降低水平。

对于低成本战术导弹，同样，按照年订购量 2 000 枚计算，可分 4 个批次，每批 500 发，进行检验验收。

由于 BMTST 需要结合产品的先验信息，因此，针对 4 批样本，考虑第 1 批次的样本以同类产品的试验数据作为先验信息；后 3 批的样本以前一批次的检验数据作为先验信息。由于对样本采用 BMTST 检验均不属于首批检验，故考虑以正常检查方案的合格率作为求解标准。

（1）第 1 批次 BMTST 的求解

假设产品在进行验收前已经通过鉴定试验，并且鉴定试验中采用经典抽样检验方案。由于导弹类产品的水平较高，因此，假设鉴定试验中数据为（10，8）（对 10 个样本进行抽样，其中，8 个样本合格）。

取统计假设（6.29）中 $p_0=0.8$，$p_1=0.6$；允许接受的两类错误率为 $(\alpha,\beta)=(0.2,0.1)$。

当鉴定数据为（10，8）时，利用公式计算得 $T^{M}(15)$ 的贝叶斯使用方后验概率为：

$$\beta^{*}=\frac{\int_{0}^{0.6}\pi(p\mid 9,3)\beta'(T^{M}(15),p)\mathrm{d}p}{\left[\int_{0}^{0.6}+\int_{0.8}^{1}\right]\pi(p\mid 9,3)\beta'(T^{M}(15),p)\mathrm{d}p}=0.1943$$

对 $\tilde{\beta}$ 及 $\tilde{N}_t$ 进行搜索，得到 $\tilde{N}_t=11$，由此得到

$$T^{M}(11)=\begin{pmatrix}2 & 3 & 4 & 5 & 6 & 7 & 8 & 9 & 9 & 9 & 9\\ 0 & 0 & 0 & 1 & 2 & 3 & 4 & 5 & 7 & 7 & 8\end{pmatrix}$$

可以算出 $T^{M}(11)$ 在 $p_0=0.8$ 处的平均试验样本量为：

$$E(M\mid 0.8)=7.721$$

在 $p_1=0.6$ 处的平均试验样本量为：

$$E(M\mid 0.6)=5.171$$

综合平均试验样本量为 $E(M)=6.446$。

同时，$T^{M}(11)$ 的犯两类错误的实际概率：

$$\alpha'(p=0.8)=0.566,\ \beta'(p=0.6)=0.107$$

（2）第 2~4 批次 BMTST 的求解

由于该导弹类产品的合格率随着生产过程的进行而逐渐提高，因此，在第 2~4 批次中，结合给定的 AQL 值为 10，假设先验信息中的经典抽样结果为（10，9）（对 10 个样本进行抽样，其中，9 个样本合格）。

仍取统计假设（6.29）中 $p_0 = 0.8$，$p_1 = 0.6$；允许接受的两类错误率为$(\alpha,\beta) = (0.2,0.1)$。

利用前面所述方法得到 MTST 的样本量截尾为 $N_t = 15$，成功判别值 $U_{N_t} = 13$。

当鉴定数据为（10，9）时，利用公式计算得 $T^{\mathrm{M}}(15)$的贝叶斯使用方后验概率为：

$$\beta^* = \frac{\int_0^{0.6} \pi(p \mid 10,2)\beta'(T^{\mathrm{M}}(15),p)\,\mathrm{d}p}{\left[\int_0^{0.6} + \int_{0.8}^{1}\right]\pi(p \mid 10,2)\beta'(T^{\mathrm{M}}(15),p)\,\mathrm{d}p} = 0.100$$

对 $\tilde{\beta}$ 及 $\tilde{N}_t$ 进行搜索，得到 $\tilde{N}_t = 10$，由此得到

$$T^{\mathrm{M}}(10) = \begin{pmatrix} 2 & 3 & 4 & 5 & 6 & 7 & 8 & 8 & 8 & 8 \\ -1 & -1 & 0 & 1 & 2 & 3 & 4 & 6 & 6 & 7 \end{pmatrix}$$

可以算出 $T^{\mathrm{M}}(10)$在 $p_0 = 0.8$ 处的平均试验样本量为：

$$E(M \mid 0.8) = 7.212$$

在 $p_1 = 0.6$ 处的平均试验样本量为

$$E(M \mid 0.6) = 5.516$$

综合平均试验样本量为 $E(M) = 6.364$。

同时，$T^{\mathrm{M}}(10)$的犯两类错误的实际概率：

$$\alpha'(p = 0.8) = 0.514,\ \beta'(p = 0.6) = 0.146$$

（3）总平均试验样本量

将4个批次的平均试验样本量求和，得到总共需要25.538个样本。比较GJB 179A—1996标准中所得的平均总试验样本量33.54发，平均试验样本量减少比例达到了23.86%，假设单发成本50万元，总体试验成本减少400.1万元。

此种检验方案的具体实施过程如下：

①第1批次检验方案：

$$T^{\mathrm{M}}(11) = \begin{pmatrix} 2 & 3 & 4 & 5 & 6 & 7 & 8 & 9 & 9 & 9 & 9 \\ 0 & 0 & 0 & 1 & 2 & 3 & 4 & 5 & 7 & 7 & 8 \end{pmatrix}$$

实施过程：对每一次试验结果，记 $X_i = 1$ 为第 i 次试验结果为成功，$X_i = 0$ 为第 i 次试验结果为失败，$S_n = \sum_{i=1}^{n} X_i$ 为前 n 次试验中成功的次数。设 U_i 是序贯

检验方案 $T^{\mathrm{M}}(11)$ 第 1 行第 i 列的值；L_i 是序贯检验方案 $T^{\mathrm{M}}(11)$ 的第 2 行第 i 列的值。

假设第一次试验结果成功，则 $S_1=1$，观察序贯检验 $T^{\mathrm{M}}(11)$ 中第 1 列，由于 $0\leqslant1\leqslant2$，因此，需要再进行第二次试验；假设第 2 次试验结果成功，则 $S_2=2$，观察 $T^{\mathrm{M}}(11)$ 中第 2 列，由于 $0\leqslant2\leqslant3$，因此，依旧需要进行第三次试验，依此进行下去，直到对某个 i，有 $S_i\geqslant U_i$，则接受这批样本；若 $S_i\leqslant L_i$，则拒绝这批样本。

②第 2 ~4 批次检验方案：

$$T^{\mathrm{M}}(10)=\begin{pmatrix} 2 & 3 & 4 & 5 & 6 & 7 & 8 & 8 & 8 & 8 \\ -1 & -1 & 0 & 1 & 2 & 3 & 4 & 6 & 6 & 7 \end{pmatrix}$$

实施过程：对每一次试验结果，记 $X_i=1$ 为第 i 次试验结果为成功，$X_i=0$ 为第 i 次试验结果为失败，$S_n=\sum_{i=1}^{n}X_i$ 为前 n 次试验中成功的次数。设 U_i 是序贯检验方案 $T^{\mathrm{M}}(10)$ 第 1 行第 i 列的值；L_i 是序贯检验方案 $T^{\mathrm{M}}(10)$ 的第 2 行第 i 列的值。

假设第一次试验结果成功，则 $S_1=1$，观察序贯检验 $T^{\mathrm{M}}(10)$ 中第 1 列，由于 $-1\leqslant1\leqslant2$，因此，需要再进行第二次试验；假设第 2 次试验结果成功，则 $S_2=2$，观察 $T^{\mathrm{M}}(10)$ 中第 2 列，由于 $-1\leqslant2\leqslant3$，因此，依旧需要进行第三次试验，依此进行下去，直到对某个 i，有 $S_i\geqslant U_i$，则接受这批样本；若 $S_i\leqslant L_i$，则拒绝这批样本。

6.7 本章小结

本章主要对精确制导弹药武器低成本化设计与试验验证方法进行了介绍，主要包括精确制导弹药低成本总体方案、部件低成本设计方案、低成本工程实现途径、大规模应急生产设计途径、试验验证方法及情况、低成本检验验收方法。

参考文献

[1]《俄罗斯新兵器手册》编辑部. 俄罗斯新兵器手册[M]. 北京:兵器工业出版社,1998.

[2]祁载康,曹翟,张天桥,等. 制导弹药技术[M] . 北京:北京理工大学出版社, 2002.

[3]翟文莹. 成本系统工程[M]. 北京:经济科学出版社,2006.

[4]曾禹村, 张宝俊,吴鹏翼. 信号与系统[M]. 北京:北京理工大学出版社,1998.

[5]张怀铁, 蒋铁军,吴琴. 装备经济性分析[M]. 北京:国防工业出版社,2019.

[6]唐雪梅, 等. 武器装备小子样试验分析与评估[M]. 北京:国防工业出版社,2001.

[7]《世界制导兵器手册》编辑部. 世界制导兵器手册[M]. 北京:兵器工业出版社,1998.

[8] 金烈元. 装备的通用化、系列化、模块化[M]. 北京:中国标准出版社,国防工业出版社,2017.

[9]祁载康. 中国现代科学技术全书·制导弹药卷[M]. 北京:北京理工大学出版社,2000.

[10]郁浩,都业宏,宋广田,徐圣辉. 基于贝叶斯分析的武器装备试验设计与评估[M]. 北京:国防工业出版社,2018.

[11][英] 安东尼·韦斯顿. 论证是一门学问——如何让你的观点有说服力[M]. 卿松竹,译. 北京:新华出版社,2011.

[12][英] 罗恩·史密斯. 军事经济学——力量与金钱的相互作用[M]. 孙建中,

译.北京:新华出版社,2010.
[13]侯建国.供应链风险管理在武器装备质量管理体系中的应用[J].军用标准化,2011(2):30-40.
[14]孙慧.项目成本管理[M]. 北京:机械工业出版社,2009.
[15] 张冬青,刘祥静,丁义刚.战术导弹国际军贸市场分析与预测[J].战术导弹技术,2010(1):9-15.
[16]宋锦武.简易制导弹药制导律与脉冲控制力修正技术研究[D]. 北京:北京理工大学,2004.
[17]果增明,杨学义,宋飞,等.装备采办论纲[M].北京:中国统计出版社,2006.
[18]果增明,杨学义,等.装备成本管理研究[M].北京:中国统计出版社,2006.
[19]果增明,曾维荣.装备经济[M].北京:解放军出版社,2001.
[20]曹国光.军队装备现代工程管理控制指导手册[M].北京:军事文献出版社,2009.
[21]张祥,贾喜云.低成本的国防现代化研究[M].北京:军事科学出版社,2016.
[22]谢福泉.供应链成本管理——类别成本与运作支持研究[M].北京:经济科学出版社,2008.
[23]邓仁亮.光学制导技术[M].北京:国防工业出版社,1994.
[24]余超志.导弹概论[M].北京:北京理工大学出版社,1987.
[25]刘隆和,王灿林,李相平.无线电制导[M].北京:国防工业出版社,1995.
[26]韩品尧.战术导弹总体设计原理[M].哈尔滨:哈尔滨工业大学出版社,2000.